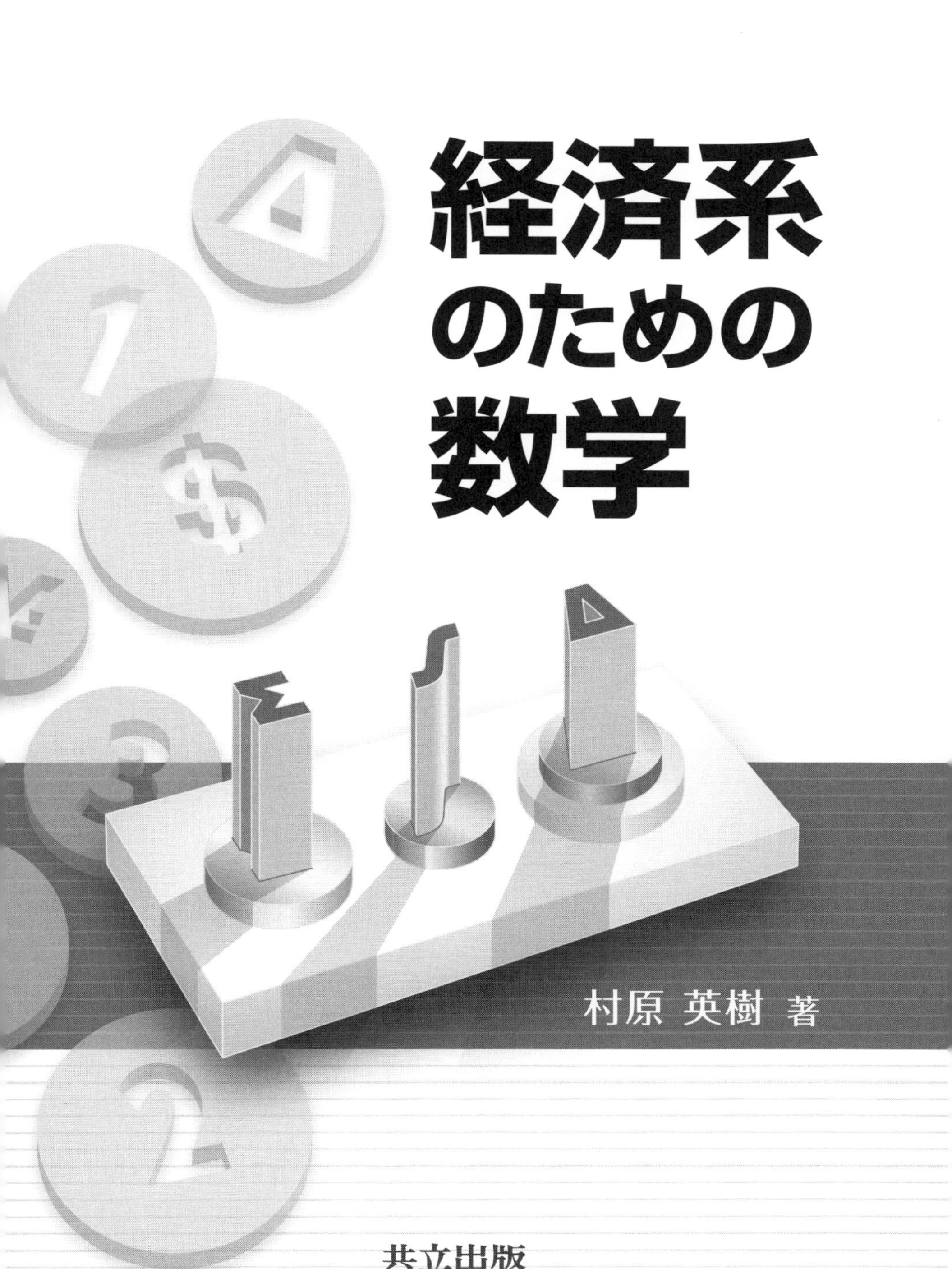
経済系
のための
数学
村原 英樹 著
共立出版

本書で用いる記号

記号	意味	備考
$A \leq B$	A は B 以下	高等学校までは≦が使われるが，大学以降では≤がよく使われる。例えば，$x \leq 3$ の意味は「x は 3 以下」である。
$A \geq B$	A は B 以上	
$A \approx B$	A は B で近似できる，A と B はほぼ等しい	$\pi \approx 3.14$ の意味は「π は 3.14 で近似できる」である。
$\mathbb{R}$	実数全体の集合	実数 (real number) の頭文字に由来する。
$\mathbb{R}_{\geq 0}$	0 以上の実数全体の集合	
$\mathbb{R}_{>0}$	正の実数全体の集合	経済学では $\mathbb{R}_{+}$ のような書き方をすることが多いが，本書では $\mathbb{R}_{>0}$ を推奨する。
$\mathbb{Q}$	有理数全体の集合	有理数 (rational number) の頭文字 R は，すでに実数全体の集合に使用しているため，わり算の商 (quotient) の頭文字 Q に由来する。
$\mathbb{Z}$	整数全体の集合	ドイツ語で数を表す Zahlen に由来する。なお，英語で整数は integer である。
$\mathbb{N}$	自然数全体の集合	自然数 (natural number) の頭文字に由来する。

はじめに

1　本書の概要

本書は経済学に興味のある大学生を対象とした数学の教科書である。本書の作成に関しては，経済学で必要となる数学の分野をある程度網羅すること，および，内容が浅くなりすぎないようにすることを目指した。

近頃では，経済学を学習する際に必要となる数学の分野は，高等学校で習う基本的な内容に加え，大学で学ぶ微積分，線形代数，確率統計など多岐にわたる。読者が経済学の学習を進める際，さまざまな講義で出会う数学的な概念について，初見であるという状況を避けるために，基本的な範囲を網羅しておくことを重視した。

これに加え本書は，高等学校での学習内容から無理なく移行できるよう，単元の配置や記述方法に工夫を凝らした。従来の類書は経済学者の視点から執筆されたものが多い。これには一定の価値があるものの，そこでの考え方は，高等学校でのものと若干の乖離がある。その一方で本書は，高等学校で学ぶ内容と経済学の視点の両方を意識し，それらの相互補完的な位置づけができればと考えて作成されている。このアプローチにより，従来のいくつかの類書では十分に考慮されていなかった読者の前提知識などにも配慮し，読者がよりスムーズに理解を深められるよう工夫した。

また，従来の類書で，数学的に（よくない意味で）適当に書かれている部分などについては，細かな部分に気をつけた記述を心がけた。ページ数は，読者に過度な負担を強いないために200ページ程度とし，持ち運びしやすいように書籍の大きさはA5サイズとした。難易度は既存の経済数学の教科書の中間程度になるように意識している。

経済学の専門用語は，本書で扱う内容の説明に最低限必要なもののみ使用することにした。例えば，前半の章では「財」という専門用語を「商品」という言葉におきかえるなどの措置をとっているが，後半の章では，あえて「財」という用語を使用することにした。これは，数学が正確性を重視する学問であるという思想にもとづく筆者のこだわりである。本文の脚注に「やや専門家向け」，「専門家向け」と書かれているものは，より深く知りたい読者に向けてのものである。適宜読み飛ばしていただいて問題ない。

なお，本書では，三角関数の重要性を認識しつつも扱わないことにした。その理由は，経済系における数学では，三角関数はもっぱら大学初年度よりも，学部後半や修士課程で使われる傾向があるからである。後に三角関数が必要になった場合は，適宜，高等学校の教科書などを参照してほしい。

2　大学の講義での使用例

大学の講義で使用する際には，例えば，

(i)　半期 15 回の講義やクウォーター制の 1 期間の講義

(ii)　通年 30 回の講義やクウォーター制の 2 期間の講義

などで使用することができる。具体的な使用例として，以下のような方法が考えられる。

(i)　半期 15 回の講義における使用例

教員が第 1 章から第 14 章の内の 5〜7 つ程度の章を選び，それぞれの章の内容を 2 回から 3 回で講義することが考えられる。どのような分野の習得が必要であるかは，各人の置かれている環境によって異なるため，それによって講義で扱う内容を選択するのは妥当であろう。講義で説明することができない内容についても，学生にそのことを伝えていれば，学生は別の機会にそれらの内容を参照する機会に恵まれるかもしれない。なお，本書の内容は，仮に授業で扱われないとしても，基本的にすべて知っておいた方がよい内容である。

(ii)　通年 30 回の講義における使用例

はじめの半期で第 1 章から第 7 章（微分積分など）を扱い，次の半期で第 8 章から第 14 章（行列やベクトルなど）を扱う（または，その逆で扱う）ことが考えられる。本書は，先に後半の第 8 章から第 14 章を扱っても問題が起きないように，各章の内容が極力独立するように設計されている。

すなわち，微分法の考え方 → 合成関数の微分法 → 2 変数関数の微分法などのように，明らかに前の章の内容を使いそうな場合は別であるが，そうでない場合は，順不同に学習しても大きな問題は起きない。

もちろん，必要な説明は本文中にすべて書いてあるため，読者が独習することも可能である。

3 おすすめの勉強法

著者が大切にしている勉強法が 2 つある[1)]。1 つ目がアクティブ・リコール，そして 2 つ目が間隔反復である。アクティブ・リコールは，「能動的に再度呼び出す」という言葉の通り，学習において能動的に記憶を刺激する勉強法だとされている。すなわち，これは受動的に文章を見直したりするのではなく，能動的に白紙の状態から学習したことを再現していく方法である。この学習法は，神経結合をより強固にするため，学習効率が高いことが知られているようである[2)]。

例えば，本書の内容を 1 ページ学習したとしよう。このとき，このアクティブ・リコールを推奨する学習者がとるべき行動は，何も見ずに学習したことを再現し，人に説明することである。著者は，もともと勉強が非常に苦手であったが，この方法を実践することで，多少よくなったように実感している。この方法の唯一の欠点は脳に負荷がかかる。何も見ずに学習したことを再現するのは大変であるが，それは一度に再現する量を減らすなどの工夫で乗り越えてほしい。

2 つ目の間隔反復とは，ある学習を一定時間行い，しばらく休んでからまた同じ学習を繰り返す方法である。これは日常的に，多くの人が自らの学習法に取り入れている方法ではないかと思われる。本書では，各章の終わりにその章

---

1) 以下は [36] を参考に記述した。ただし，本書の本文は多分に著者の主観が含まれているため，読者は注意されたい。なお，[36] は重要なことが非常にわかりやすくかかれており，一読を勧める。

2) ただし，著者はこの方面の専門家ではないので，独断と偏見による勝手な意見だと思っておいてほしい。

で学んだことをキーワードとしてまとめている。そのキーワードを見て，何を学習したかを思い出すと，短時間で記憶がよみがえるので，適宜活用してほしい。少なくとも，本書の内容を講義で習った3日後か，自分で読んだ3日後には見直しておくことを勧める。また，毎週の講義前に，前回の内容をさらっとだけでも確認することで，長い期間，本書の内容を覚えておけるだろう。

4　謝辞

本書の作成にあたり，多大な貢献をしてくださった北九州市立大学4年生の入江拓実氏に深く感謝申し上げます。入江氏には，本文中の図案の作成，内容の確認や修正，さらには演習問題の解答作成にいたるまで，多方面にわたって協力をいただきました。

また，大分大学の小野塚友一氏，九州大学の斎藤新悟氏，鹿児島大学の広瀬稔氏，尾道市立大学の宮川貴史氏には，数学的な間違いの指摘，重要な数学的助言，説明方法などに関するアドバイスをいただきました。専門的な助言によって，本書の内容をより洗練されたものにすることができました。

北九州市立大学経済学部の先生方にも感謝申し上げます。とくにその中でも，本書の執筆において最初に相談させていただいた経済学部長の田村大樹氏には，本書の方針を決定する上で重要なアドバイスをいただき，効率的で間違いのない方法で執筆を進めることができました。それに加えて，畔津憲司氏，隈本覚氏，齋藤朗宏氏，田中淳平氏，土井徹平氏には，原稿の細かい部分まで確認していただき，多くのご指摘をいただきました。先生方のおかげで，読者にとってわかりやすく，正確な内容にすることができました。また，経済学部資料室の中川有希氏，本田友子氏には，原稿作成においてさまざまなご支援をいただきました。

共立出版の木村邦光氏には，今回の出版の貴重な機会をいただきました。また，山根匡史氏には，編集作業を通してご尽力いただきました。山根氏の修正提案によって，さまざまな部分において本書の完成度は格段に高まり，著者には為し得なかった質の高さを確保することができました。

最後に，これまで私に指導してくださった恩師の先生方，惜しみない援助を与えてくれた両親，そして陰ながら応援してくれた妻と妻のご両親，そして二人の子どもたちに対して，深い感謝の意を表します。

皆様のおかげで，この本が完成したことに心から感謝申し上げます。

2024 年 12 月　村原英樹

本書の各章に配置している演習問題の解答は，著者のウェブサイト

`https://sites.google.com/mathformula.page/keizai/`

にあるので，適宜参考にしてほしい。補講の演習問題や本書の内容に関する付加的な内容も，そこに掲載する予定である。

目　次

第1章

連立方程式と連立不等式

経済学は，社会が無限の欲求を満たすために，最適資源配分（希少な資源をどのように配分するか）を研究する学問[1]であり，広義には経済行為，すなわち，財やサービスの生産，購入，消費などに関連するすべての行為の科学とも捉えられる。経済学には，経済的行動や意思決定を理解するためのさまざまな道具や概念が含まれており，本書が着目するのは，その数学的側面である。本章では，経済学でよく使う数学の基礎的な技能である連立方程式や連立不等式を学習する。需要曲線・供給曲線や線形計画法など，経済学でよく使われる概念や考え方を理解すると同時に，実際の計算などにも習熟してほしい。

1.1　需要曲線と供給曲線（連立方程式の活用）

経済学で**需要量**とは，ある与えられた価格に対して，買い手（消費者）が購入したいと思う商品の量のことをいい，**供給量**とは，売り手（メーカーや小売店）が供給したいと思う商品の量のことをいう。ざっくりいって，買い手は商品の価格が安ければ，たくさんの商品を買いたいと思い，逆に，売り手は安くしか売れないのであれば，大量に作ることはない。この関係をまとめると下の表のようになる。

	需要量	供給量
商品の価格が高い	小さい	大きい
商品の価格が安い	大きい	小さい

このような買い手や売り手の様子をグラフで表したものが，図1.1のいわゆる**需要曲線**や**供給曲線**である[2) 3)]。まず，需要曲線について考えよう。買い手の気持ちになると，商品の市場で取引きされる価格pが下がれば，消費者が買

1)「経済学」という用語については，いくつかの定義がある。「最適資源配分」はその定義に含めることが多いため，ここではそれを用いた定義を示した。

いたいと思う量，すなわち需要量 q が増えるため，そのような心理をグラフに表すと図 1.1 (a) のような右下がりのグラフになる[4)]。

次に，供給曲線について考えよう。供給曲線とは，その商品の市場価格と，商品を生産する企業の利潤を最大にするような生産量との関係をかいた曲線である。売り手の気持ちになると，商品の市場で取引きされる価格 p が上がれば，企業などが生産する量，すなわち供給量 q が増えるため，図 1.1 (b) のような右上がりのグラフになる。

いま，図 1.1 において，商品の価格が p_1 であるときを考えよう。このとき，商品の需要量よりも供給量の方が多いことがわかる。この場合，商品の価格は下落し，少しずつ曲線 (a) と (b) の交点に近づいていく。このような交点を**均衡点**といい，均衡点に近づいていくことを**均衡**するという。逆に，図 1.1 において，商品の価格が p_2 であるときには，商品の供給量よりも需要量の方が多く，このときは価格が上昇し，曲線 (a) と (b) の均衡点に近づいていく。このように，市場で取引きされる商品の価格や数量は，2 つの曲線の交点で決まることがわかる[5)]。この交点における q の値を**均衡数量**，p の値を**均衡価格**という。

さて，ここから少しずつ数式を導入していこう。経済学ではしばしば，図 1.2 のように，仮想的に図 1.1 の 2 つのグラフを具体的な式で表して考察を行うこ

[2)] 経済学でかくグラフは，横軸に数量，縦軸に価格をとることが多い。通常の意味で需要曲線や供給曲線を考える際は，与えられた価格に対して需要量や供給量が決まる。そのため，縦軸の値を先に見て，横軸の値はそれによって決まると考えることが多く，高等学校までのように，横軸の値を先に見て，縦軸の値はそれによって決まるとは必ずしもいえない。このことには，注意が必要である。

[3)] 詳しくは述べないが，本節ではミクロ経済学の文脈で，ある特定の商品に焦点をあてている。**市場**とは多くの売り手と多くの買い手が自由にさまざまな商品を売り買いする場のことである。また，**完全競争市場**とは，扱われる商品の品質はすべて同じであること，売り手・買い手ともに多数存在すること，市場への参入退出が自由であること，扱われる商品に対して完全に情報が行きわたっていることが仮定されている市場である。

[4)] 例えば，贅沢品に対して生活必需品は，価格の変化に対して需要量が変化しにくいことが知られている。すなわち，生活必需品のグラフは，傾きが急である（なぜかを考えてみよ）。考察する商品の種類によって，同じ右下がりのグラフでもグラフの形状はさまざまである。また，供給曲線についても，商品の種類によって考察すべきグラフの形状はさまざまである。

[5)] このようにして，価格の変化によって，需要量と供給量の差が解消され，安定状態に移行した状態を**ワルラス安定**という。本節ではワルラス安定になる状況を仮定する。

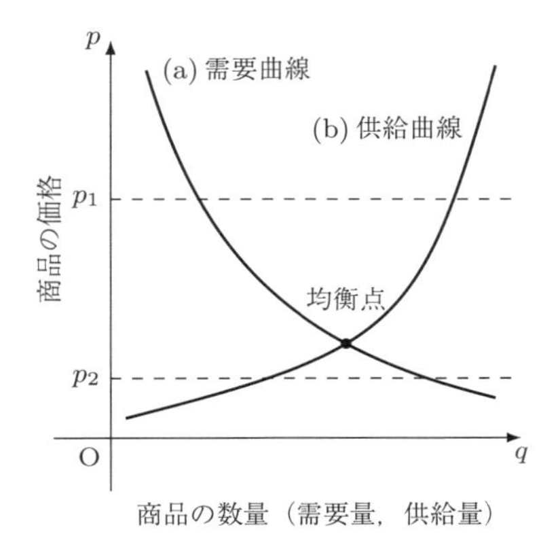

図 1.1　需要曲線と供給曲線

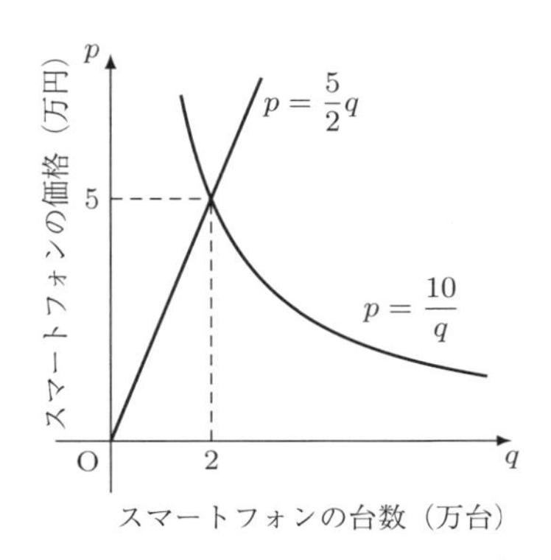

図 1.2　需要曲線と供給曲線の具体例

とがある。上で述べたように，需要曲線は右下がり，供給曲線は右上がりであるため，需要曲線を $p=\dfrac{10}{q}$，供給曲線を $p=\dfrac{5}{2}q$ として考察してみよう[6)7)]。中学校で習ったことを思い出せば，需要曲線は反比例，供給曲線は正比例の式になっていることがわかる。

上の例をさらに具体的に見るために，需要曲線は消費者が欲しいと思うスマートフォンの価格と台数の関係を表すとし，供給曲線はスマートフォンの生産に必要な価格と台数の関係を表すとしよう。また，数字の単位はそれぞれ万円，万台とする。需要曲線は $p=\dfrac{10}{q}$ であるため，$p=10$ のとき $q=1$ となり，市場価格が 10 万円なら，1 万台だけ需要が生じることになる。また，$p=5$ のとき $q=2$ となるため，市場価格が 5 万円なら，2 万台だけ需要が生じることになる。一方，供給曲線は $p=\dfrac{5}{2}q$ であり，$p=10$ のとき $q=4$ となり，生産者は市場価格が 10 万円なら 4 万台生産しようと思うことになる。また，$p=5$ のとき $q=2$ となるため，市場価格が 5 万円なら 2 万台生産しようと思うこと

---

6) 本来は，もう少し複雑な関数を仮定することによって，より直感に即した議論を行うこともできる。しかしながら，ここでは本文のような関数を考えることにする。

7) 本文のような反比例型の需要曲線を考えると，商品の市場価格が半分になったとき，消費者が購入したいと思う量は倍になる。しかしながら，もしも商品の価格が半分になったら，倍以上の量の商品を購入したいと思う方が自然かもしれない。もしもその方が現実に即していると判断できる場合には，そのように需要曲線を書きかえるべきであることを念のために注意しておこう。

になる。

さて，以下では，具体的に連立方程式

$$\begin{cases} p = \dfrac{10}{q} & (1.1) \\ p = \dfrac{5}{2}q & (1.2) \end{cases}$$

を条件 $p > 0,\ q > 0$ のもとで解くことによって，均衡点を求めてみよう。まず，(1.1) と (1.2) より $\dfrac{5}{2}q = \dfrac{10}{q}$ だから，これを整理して $q^2 = 4$ となる。したがって，$q > 0$ より $q = 2$ を得る。これを (1.2) に代入すると，$p = 5$ だから，連立方程式の解（すなわち，均衡点）は，

$$(q, p) = (2, 5)$$

となる。

ここでは計算によって均衡点を求めたが，この事実はグラフの交点からも確認することができる。すなわち，図 1.2 をよく見ると，需要曲線と供給曲線は $(q, p) = (2, 5)$ で交わっているため，この点で均衡することがわかる。したがって，この市場は 2 万台のスマートフォンが，1 台につき 5 万円で取引きされている市場だとみなすことができる[8]。

さて，ここまでの流れをまとめると，

1. 需要曲線と供給曲線を何かしらの情報をもとに定式化する。
2. 需要曲線と供給曲線の交点の座標を連立方程式を解くことで求める。
3. 市場の均衡点がわかる。

となる。

---

8) 現実にはここまで単純に話が進むわけではない。実際，現実に即した需要曲線と供給曲線を具体的に求めることはかなり難しい。ここで重要なのは，さまざまな経済現象は数式を通してみると，この例のように具体的に考察できる可能性があるということである。

1.2　線形計画法（連立不等式の活用）

前節では，経済学での数学の適用例を見るために，連立方程式を用いて需要曲線と供給曲線の交点について調べた。本節では，連立不等式が現れる例について考えることにしよう。具体的には，**線形計画法**とよばれる連立不等式の制約条件のもとで，目的関数を最大化する（経済学ではよく知られた）方法について説明する。

1.2.1　利益最大化問題

まずはじめに，簡単な例を考えてみよう。みかんとりんごを売る果物屋を経営しているとする。利益を最大化するために，みかんとりんごをいくつ売るべきかを決定したい。以下はその条件であり，数値などは仮想的に設定した。

1. みかんを 1 個売るごとに，20 円の利益が得られる。また，りんごを 1 個売るごとに，30 円の利益が得られる。
2. みかんとりんごは，合計 100 個まで保管できる。
3. 仕入れ先の都合で，りんごは一度に最大 60 個までしか仕入れられない。

みかんとりんごの販売利益の合計である利益を最大化することが目的である。

売ったみかんとりんごの個数をそれぞれ x と y とする。また，そのときに得られる利益を p とする。条件 1 より，利益 p は次の式で表せる。

$$p = 20x + 30y \tag{1.3}$$

また，条件 2, 3 より，制約条件は次のように表せる。

$$x \geq 0, \quad y \geq 0, \quad x + y \leq 100, \quad y \leq 60$$

直線 $y = -x + 100$ と $y = 60$ の交点を A とすると，A の座標は $(40, 60)$ となるから，制約条件をグラフで表すと，図 1.3 の影の部分のようになる。ここで (1.3) は $y = -\dfrac{2}{3}x + \dfrac{p}{30}$ だから，この直線の傾きは $-\dfrac{2}{3} > -1$，y 切片は $\dfrac{p}{30}$ となる。この直線を図 1.3 にかき加えると，利益 p を表す (1.3) は図 1.4 の①や①$'$ のようになる。

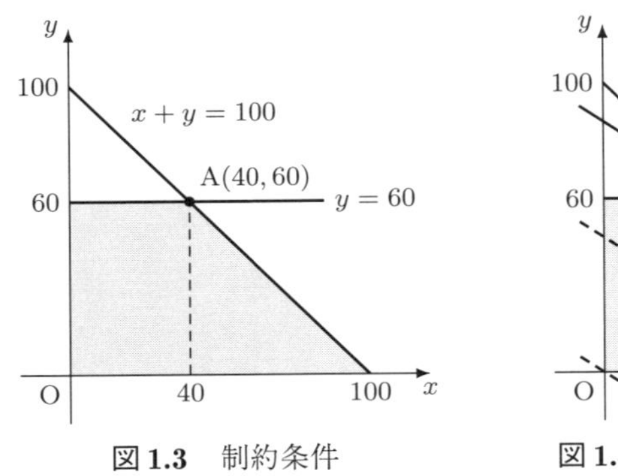

図 1.3　制約条件

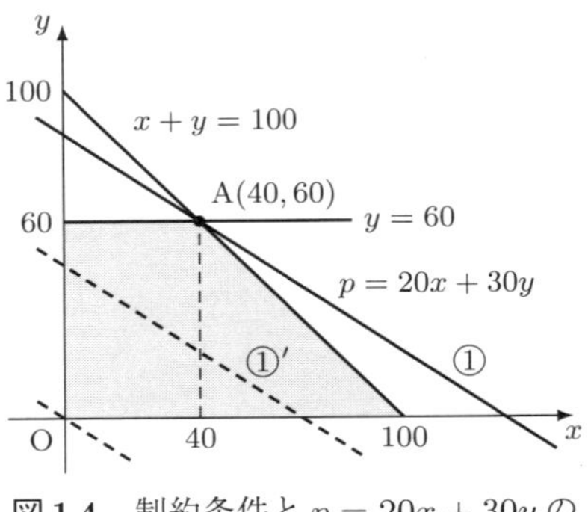

図 1.4　制約条件と $p=20x+30y$ のグラフ

いま求めたいものは p の最大値である。p は①や①′ の y 切片であるため，最大値は直線が点 A を通るときに実現される。したがって，求める最大値は $x=40$, $y=60$ のとき，

$$p = 20 \times 40 + 30 \times 60 = 2600\ (\text{円})$$

である。

1.2.2　費用最小化問題

前小節では，制約条件のもとでの関数の最大化問題について考えた。本小節では，アーモンドミルク 100 mL とブルーベリー 100 g あたりの栄養素の量と値段に関する次の表を例に，関数の最小化問題について考えよう。

食品	炭水化物	カルシウム	タンパク質	値段
アーモンドミルク	2 g	32 mg	0.5 g	50 円
ブルーベリー	13 g	8 mg	0.5 g	250 円

次の条件をすべて満たすようなスムージーを作るためには，アーモンドミルクとブルーベリーをそれぞれどのくらい混ぜ合わせればよいかを考えてみよう。

1. 炭水化物を 38 g 以上含む。
2. カルシウムを 192 mg 以上含む。

3. タンパク質を 4 g 以上含む。
4. 費用を可能な限り安くする。

使用したアーモンドミルクの量を $100x$ mL，ブルーベリーの量を $100y$ g，費用を k 円とし，上の各条件を数式で表すと次のようになる。

1. $2x + 13y \geq 38$
2. $32x + 8y \geq 192$　すなわち　$4x + y \geq 24$
3. $0.5x + 0.5y \geq 4$　すなわち　$x + y \geq 8$
4. $k = 50x + 250y$ を可能な限り安くする

これらの制約条件のもとで，k を最小化する x と y を見つけることが目標となる。まず，条件 1, 2, 3 より，境界は，

$$2x + 13y = 38,$$
$$4x + y = 24,$$
$$x + y = 8$$

すなわち，

$$y = -\frac{2}{13}x + \frac{38}{13},$$
$$y = -4x + 24,$$
$$y = -x + 8$$

で与えられるから，図 1.5 をもとに制約条件を図示すると，図 1.6 のようになる。

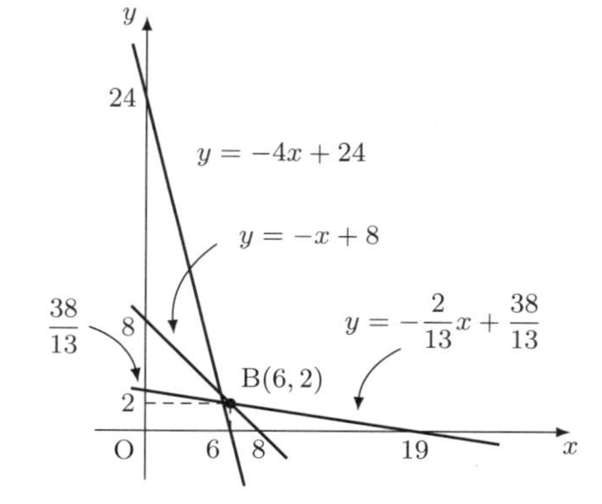

図 1.5　制約条件の境界

この不等式を満たす x と y の範囲を探し，その範囲で k が最小となる x と y を見つけることが目標となる。ここで，条件 4 より $y = -\frac{1}{5}x + \frac{k}{250}$ の傾きは $-\frac{1}{5}$ だから[9]，$2x+13y = 36$ と $x+y = 8$ の交点を B とすると，直線 $k = 50x+250y$ が点 B を通るとき，k が最小になる。したがって，$k = 50x + 250y$ に $x = 6$, $y = 2$ を代入して，求める k は 800 円である。

---

[9] この直線の傾きは，$2x + 13y = 36$ の傾き $-2/13$ と $x + y = 8$ の傾き -1 の間にあることに注意する。

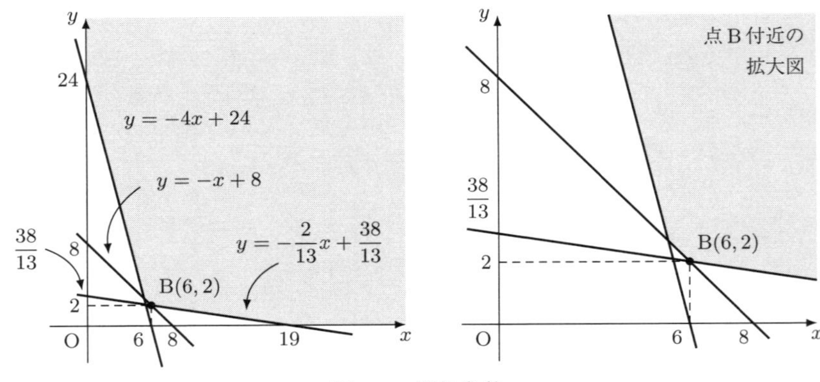

y
24
y = −4x + 24
y = −x + 8
38/13
8
y = −2/13 x + 38/13
B(6, 2)
2
O
6
8
19
x
y
点B付近の
拡大図
8
38/13
B(6, 2)
2
O
6
8
x

図 1.6　制約条件

演習問題

基本問題

問 1　次の連立方程式を解け。ただし，$x > 0, y > 0$ とする。

(1) $\begin{cases} y = -x + 6 \\ y = x + 4 \end{cases}$　(2) $\begin{cases} y = \dfrac{10}{x} \\ y = \dfrac{5}{4}x \end{cases}$

(3) $\begin{cases} 2x - y = 7 \\ 3x + 4y = 16 \end{cases}$　(4) $\begin{cases} 2x - 3y = 7 \\ 3x + 2y = 15 \end{cases}$

(5) $\begin{cases} 3x - 4y = 18 \\ 2x + y = 7 \end{cases}$　(6) $\begin{cases} x - y = 10 \\ xy = 24 \end{cases}$

(7) $\begin{cases} 2x + y = 5 \\ 4x + 2y = 6 \end{cases}$　(8) $\begin{cases} x + 2y = 10 \\ -x - 2y = -10 \end{cases}$

問 2　次の不等式の表す領域を図示せよ。ただし，$x > 0, y > 0$ とする。

(1) $\begin{cases} 2x + y > 9 \\ x + 2y < 9 \end{cases}$　(2) $\begin{cases} 3x + 2y \geq 5 \\ xy \leq 12 \end{cases}$

(3) $1 \leq x + y \leq 3$　(4) $4 \leq x^2 + y^2 \leq 9$

発展問題

問 3　ある市場における需要曲線と供給曲線が，次のように与えられているとする。

$$\text{需要曲線：} p = 100 - 2q,$$
$$\text{供給曲線：} p = 10 + q$$

ただし，p は価格を表し，q は数量を表すものとする。このとき，次の各問いに答えよ。

(1) 市場の均衡数量と均衡価格を求めよ。

(2) 価格が $p = 50$ のときの需要量と供給量を求め，それぞれについて過剰需要または過剰供給が発生するかどうかを判断せよ。

問4　座標平面上の点 $\mathrm{P}(x, y)$ が $x + 2y \leq 8,\ 0 \leq x \leq 4,\ 0 \leq y \leq 3$ を同時に満たす範囲を動くとき，$2x + 3y$ の最大値を求めよ。

問5　座標平面上の点 $\mathrm{P}(x, y)$ が $4x + y \leq 9,\ x + 2y \geq 4,\ 2x - 3y \geq -6$ を同時に満たす範囲を動くとき，$x^2 + y^2$ の最大値と最小値を求めよ。

問6　ある工場では，製品Aと製品Bを生産している。製品Aの利益は4万円，製品Bの利益は5万円である。各製品の生産には，資源Xと資源Yが必要であり，資源Xは60単位，資源Yは90単位利用可能である。また，各製品の生産に必要な資源の単位は次のようになっている。

- 製品A：資源Xを1単位，資源Yを2単位
- 製品B：資源Xを2単位，資源Yを1単位

工場の利益を最大化するためには，製品Aと製品Bをそれぞれいくつ生産すればよいか答えよ。

キーワード

定式化，需要曲線，供給曲線，線形計画法，利益最大化問題，費用最小化問題

第2章

指数関数

お金を銀行に預けると利子がつくが，その利子がまた利子を生むのが複利である。これは指数的に増えていく一例で，経済学だけでなく，自然界のさまざまな現象を理解するためにも使われる。本章では，まず比較的簡単な例を通して指数的に増えていく現象（指数成長）について解説し，その後，減衰についての例を考察する。最後に，経済学のさまざまな分野で使われるコブ・ダグラス型生産関数を紹介する。

2.1 指数成長

2.1.1 離散的な指数成長

毎日お金を2倍に増やす魔法の箱[1]があるとする。いま，この箱は空で，箱の中に1円玉を入れたとしよう。1円玉がどのように増えていくか観察する。初日（0日目）には1円玉が1枚，1日後には2枚，2日後には4枚と増えていく。このような増え方を指数的な増え方といい，経済学では**指数成長**[2]とよばれることもある[3]。

この指数成長について，より詳しく述べよう。指数成長の基本的な式は，次の通りである。なお，a^x に対して a を**底**，x を**指数**という。

$$f(x) = a^x \tag{2.1}$$

ここで，$f(x)$ は x 日後の1円玉の枚数であり，a は成長率（すなわち，毎日1円玉の枚数が何倍になるか）である。この例のように，$a = 2$（2倍）であれば，x 日後の1円玉の枚数は，

---

[1] 箱の中は4次元空間になっており，お金は無限に格納可能な箱とする。

[2] 指数関数的成長ともいう。

[3] 指数は，ある数を自分自身と何回かけ合わせるかを示す数である。例えば，2^3 では3が指数であり，2を3回かけ合わせることを示している（すなわち，$2^3 = 2 \times 2 \times 2$）。

$$f(x) = 2^x$$

と表され，より具体的には，

- 初日の1円玉の枚数は，$f(0) = 2^0 = 1$
- 1日後の1円玉の枚数は，$f(1) = 2^1 = 2$
- 2日後の1円玉の枚数は，$f(2) = 2^2 = 4$
- 3日後の1円玉の枚数は，$f(3) = 2^3 = 8$
- 10日後の1円玉の枚数は，$f(10) = 2^{10} = 1024$
- 20日後の1円玉の枚数は，$f(20) = 2^{20} = 1048576 \approx 100$ 万
- 30日後の1円玉の枚数は，$f(30) = 2^{30} = 1073741824 \approx 10$ 億
- 40日後の1円玉の枚数は，$f(40) = 2^{40} = 1099511627776 \approx 1$ 兆
- 50日後の1円玉の枚数は，$f(50) = 2^{50} = 1125899906842624 \approx 1100$ 兆

などとなり，急激に増えていくことがわかる。読者はこれ以降の計算を続けることで，1円玉の枚数がさらに急激に増えていくことを確認できるだろう。

2.1.2　連続的な指数成長

前小節で，我々は1円玉の枚数が日ごとに増加する例を見た。この例では，関数 $f(x) = 2^x$ における x の値は，$x = 0, 1, 2, 3, \ldots$ のような0以上の整数を考えたが，本小節ではこの x のとりうる値を拡張することを考える。

まず，高等学校までに習ったことの復習として，次の**指数法則**を確認しよう。

命題 2.1　指数法則

$a, b > 0$ で，p, q が有理数のとき，次の式が成り立つ。

$$a^p \cdot a^q = a^{p+q}, \quad \frac{a^p}{a^q} = a^{p-q}, \quad (a^p)^q = a^{pq},$$
$$(ab)^p = a^p \cdot b^p, \quad \left(\frac{a}{b}\right)^p = \frac{a^p}{b^p}$$

例 2.2

(1) $2^3 \cdot 2^2 = 2^{3+2} = 2^5 = 32$　　(2) $\dfrac{2^3}{2^2} = 2^{3-2} = 2^1 = 2$

(3) $(2^3)^2 = 2^{3\cdot 2} = 2^6 = 64$　　(4) $(2\cdot 3)^2 = 2^2\cdot 3^2 = 4\cdot 9 = 36$

(5) $\left(\dfrac{2}{3}\right)^2 = \dfrac{2^2}{3^2} = \dfrac{4}{9}$

また，$a>0$ のとき，次のようなを累乗根を用いた表現や負の指数についての表現も知られている。

$$a^{\frac{m}{n}} = \sqrt[n]{a^m} \quad (m,\, n \text{は正の整数}), \quad a^{-r} = \frac{1}{a^r} \quad (r \text{は正の有理数})$$

注　累乗の実数への拡張

指数が無理数のときにも，正の数 a に対して a^r を定めることができる。例えば，$\sqrt{2} = 1.41421\cdots$ に対して，有理数を指数とする 3 の累乗の列

$$3,\ 3^{1.4},\ 3^{1.41},\ 3^{1.414},\ 3^{1.4142},\ \ldots$$

は，次第に一定の値に近づいていく。その値を $3^{\sqrt{2}}$ と定めることができる。

次に指数が 0 以上の整数とは限らない場合の指数成長の例を紹介しよう。

例 2.3

バクテリアは指数的に増殖する。これは，1 つのバクテリアが 2 つに分裂し，その 2 つがそれぞれ 2 つに分裂し，$\cdots$ というように増えていくためである。初期のバクテリアの数を A とし，$f(t)$ を t 時間後のバクテリアの数とする[4)]。このとき，バクテリアの数は，

$$f(t) = A\cdot 2^t$$

と表される[5)]。この式から，バクテリアの数は時間とともに急激に増加することがわかる。バクテリアは非常に短い時間で大量に増殖するため，食品の保存や衛生管理などにも影響する。

---

4) 1 円玉の例では，$f(x)$ のように変数 x を用いて式を表した。一方，いまの例では，$f(t)$ のように変数 t を用いて式を表している。どちらの式も本質的に同じ意味であることに読者は注意されたい。変数としてどの文字を使うかについては，状況によって慣例的によく使われている文字があるため，それに従うのがよい。例えば，いまの例で t を用いているのは，時間 (time) の頭文字が t であることに依拠している。

2.1.3　指数的な減衰

これまでの例は，金額や個数などが増加していく例であった。次は，指数的な減衰の例を挙げよう。単純化のため指数が正のときを考える。指数関数 (2.1) は，$a > 1$ のとき単調増加関数となるが，$0 < a < 1$ のとき単調減少関数となる。ここで，$f(x)$ が**単調増加関数**であるとは，$x_1 < x_2$ のとき $f(x_1) < f(x_2)$ となる関数のことをいい，$f(x)$ が**単調減少関数**であるとは，$x_1 < x_2$ のとき $f(x_1) > f(x_2)$ となる関数のことをいう。

次の例は，**減衰率**を r $(0 < r < 1)$ とし，さらに，$a = 1 - r$ とすれば $0 < a < 1$ となることに注意して見るとよいだろう[6]。

例 2.4　緑茶の温度

熱い緑茶をテーブルに置いておくと，時間とともに冷めていく。最初は急速に温度が下がり，室温に近づくにつれてゆっくりと温度が下がっていく。これは指数的な減衰の一例である。具体的には，B を室温とし，$A + B$ をはじめの時点での緑茶の温度，$f(t)$ を t 分後の緑茶の温度とする。緑茶の温度を表す式は，1分あたりの減衰率を r として，(2.1) を少し一般化した次の関数を考えよう。

$$f(t) = A \cdot (1 - r)^t + B$$

仮に，$A = 60$, $B = 20$ としよう。温度の単位は °C であるが省略する。減衰率を $r = 0.05$ とすると，t 分後の緑茶の温度は，

$$f(t) = 60 \cdot 0.95^t + 20$$

と表されるから，

---

5) 1円玉の例との違いとして，変数が離散的か連続的かの違いが挙げられる。すなわち，1円玉の例の変数 x は $0, 1, 2, 3, \ldots$ のような離散的な値しかとれなかったが，この例の時間 t は0以上の連続的な実数値をとることができる。

6) 例えば，減衰率が1％のとき，$r = 0.01$ となる。このとき，$0 < r < 1$ で $a = 1 - r = 0.99$ だから $0 < a < 1$ となる。

- はじめの緑茶の温度は，$f(0) = 60 \cdot 0.95^0 + 20 = 80$
- 1分後の緑茶の温度は，$f(1) = 60 \cdot 0.95^1 + 20 = 77$
- 2分後の緑茶の温度は，$f(2) \approx 60 \cdot 0.95^2 + 20 = 74.15$
- 3分後の緑茶の温度は，$f(3) \approx 60 \cdot 0.95^3 + 20 \approx 71.44$

となる[7)]。さらに計算を進めると，$f(10) \approx 55.9$, $f(20) \approx 41.51$, $f(30) \approx 32.88$, $f(40) \approx 27.71$, $f(50) \approx 24.62$, $f(60) \approx 22.76$, $f(70) \approx 21.67$, $f(80) \approx 20.99$ であり，はじめの方が温度の変化が大きいことがわかる。

2.1.4　指数関数のグラフ

本小節では，**指数関数** $y = a^x$ のグラフの概形を確認しておくことにしよう。まず，基本的な $y = 2^x$ と $y = \left(\frac{1}{2}\right)^x$ のグラフの概形は，次のようになる。

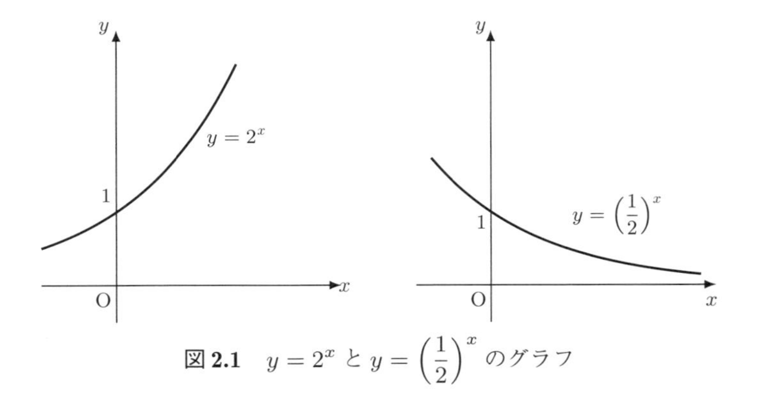

図 2.1　$y = 2^x$ と $y = \left(\frac{1}{2}\right)^x$ のグラフ

より一般に，関数 $y = a^x$ $(a > 1)$ のグラフと関数 $y = a^x$ $(0 < a < 1)$ のグラフは，y 軸に関して対称であり，グラフは次のようになる。

---

7) 関連する事実として，ニュートンの冷却の法則などが知られている。この例では，減衰についてのイメージをもつために，単純化された状況を考察した。より正確には，実験などを通して精細な検討をする必要がある。

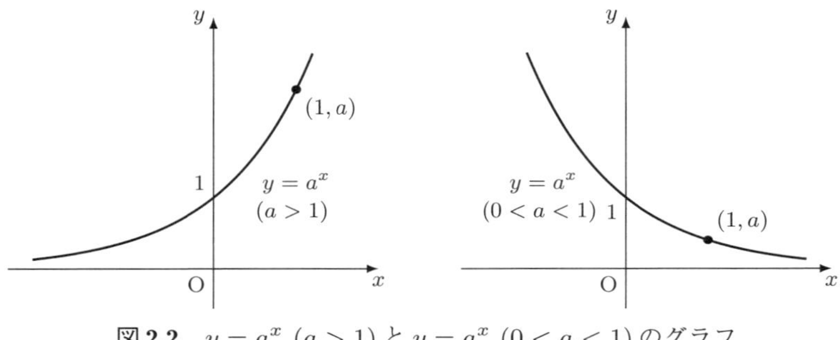

図 2.2　$y = a^x$ $(a > 1)$ と $y = a^x$ $(0 < a < 1)$ のグラフ

指数関数 $y = a^x$ の性質をまとめると，次のようになる。

- 定義域は実数全体，値域は正の実数全体である。
- グラフは点 $(0, 1)$ と点 $(1, a)$ を通り，x 軸が漸近線になる。なお，平面曲線の**漸近線**とは，十分遠くで曲線との距離が 0 に近づき，かつ，曲線とは接しない直線のことである。
- $a > 1$ のとき，x の値が増加すると y の値も増加する。すなわち，$p < q$ ならば $a^p < a^q$ である。$0 < a < 1$ のとき，x の値が増加すると y の値は減少する。すなわち，$p < q$ ならば $a^p > a^q$ である。

2.2　コブ・ダグラス型生産関数と 1 次同次

2.2.1　コブ・ダグラス型生産関数

ミクロ経済学やマクロ経済学でよく使われる**コブ・ダグラス型生産関数**は，投入量と産出量の間の関係を記述する**生産関数**の一つであり，例えば，マクロ経済学の成長理論の分野で用いられている[8)]。この生産関数は，アメリカの数学者チャールズ・コブと，経済学者ポール・ダグラスによって 1927 年頃に提唱された。

---

8) より一般の生産関数は，もっと多くの投入要素を変数にもつ関数であるかもしれない。すなわち，需要関数，供給関数，効用関数なども，数多くの商品の数量，それらの価格，所得などの関数となる。ここでは，最も単純なコブ・ダグラス型を扱う。

コブ・ダグラス型生産関数は，資本投入量と労働投入量という2種類の投入要素がどのように組み合わさって生産量を生み出すかを示す関係を表現したものであり，次のように定式化される。

$$Y = AK^{\alpha}L^{1-\alpha} \tag{2.2}$$

ここで，Y は**生産量**，K は使用される資本の量（**資本投入量**），L は使用される労働の量（**労働投入量**）を表し，A は全要素の生産性を表す正の定数であるとする[9]。α は $0 < \alpha < 1$ を満たす定数であり，α や $1-\alpha$ で生産量が資本と労働の変化に対して，どの程度敏感であるかを表す。このとき，Y は K と L の値を決めれば定まるため，変数 K と L の関数，すなわち，

$$Y = F(K, L) \tag{2.3}$$

となる[10]。

注 $A = 1,\ \alpha = \dfrac{1}{2}$ のとき，(2,2) は $Y = \sqrt{KL}$ となる。$y = \sqrt{x}$ のグラフは，x に具体的な値を代入していくことによって，図2.3のようにかくことができる。これと同様に，$Y = \sqrt{KL}$ のグラフも図2.4のようにかくことができる。

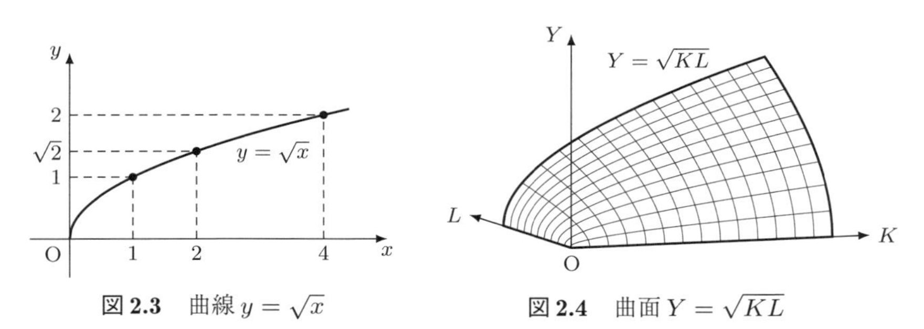

図 2.3 曲線 $y = \sqrt{x}$　　**図 2.4** 曲面 $Y = \sqrt{KL}$

---

9) （専門家向け）例えば，A は考察している国の技術水準などを表す。詳しくは [8] を見よ。

10) （専門家向け）関数 F は大文字の F を使っている。これは小文字の f を使っても数学的には問題ないのだが，例えば，経済成長理論などの文脈では，大文字の F と小文字の f では意味が多少異なるため，ここでは大文字を使った。変数 K や L も大文字を使っているが，これもこの分野の慣例である。経済成長理論については [8] を見よ。

2.2.2　規模に対する収穫一定

コブ・ダグラス型生産関数の特徴的な性質に，**規模に対する収穫一定**とよばれるものがある。それは，すべての投入（K と L の投入）がそれぞれ一定の比率 a で増加した（すなわち，aK と aL になった）場合，生産量 Y もそれと同じ比率 a で増加する（すなわち，aY となる）というものである。(2.3) の記法で表すと，

$$F(aK, aL) = aF(K, L) \tag{2.4}$$

となる。これは，規模が拡大した場合でも，生産性が一定であることを意味する。関数 F が (2.4) のような性質を満たすとき，F は変数 K, L に関して**1次同次**であるという。

このことを数式で確認するため，(2.2), (2.3) で定義したコブ・ダグラス型生産関数で $A = 1$ のときを考えよう。

$$F(K, L) = K^{\alpha} L^{1-\alpha}$$

この生産関数は，例えば，

$$\begin{aligned}
&F(1,1) = 1, \quad F(2,2) = 2 = 2F(1,1), \\
&\quad F(3,3) = 3 = 3F(1,1), \quad \ldots \\
&F(2,1) = 2^{\alpha}, \quad F(4,2) = 2 \cdot 2^{\alpha} = 2F(2,1), \\
&\quad F(6,3) = 3 \cdot 2^{\alpha} = 3F(2,1), \quad \ldots \\
&F(1,2) = 2^{1-\alpha}, \quad F(2,4) = 2 \cdot 2^{1-\alpha} = 2F(1,2), \\
&\quad F(3,6) = 3 \cdot 2^{1-\alpha} = 3F(1,2), \quad \ldots
\end{aligned}$$

となっており，これらの式を眺めれば，(2.4) が成り立っていることがわかる。

演習問題

基本問題

問1　次の式を簡単にせよ。

(1) $a^m \div a^n$　　(2) $\left(\dfrac{a}{b}\right)^n$

(3) $(a^m \times b^n) \div (a^n \times b^m)$　　(4) $\left(\dfrac{a^n}{b^m}\right)^p$

問2　次の式を計算せよ。

(1) $\sqrt[3]{6}\,\sqrt[3]{9}$　　(2) $\sqrt[4]{48}\,\sqrt[4]{3}$

(3) $(\sqrt[4]{3}+\sqrt[4]{2})(\sqrt[4]{3}-\sqrt[4]{2})$　　(4) $(2^{\frac{1}{3}}-2^{-\frac{1}{3}})(2^{\frac{2}{3}}+1+2^{-\frac{2}{3}})$

(5) $\sqrt[3]{3}\times 3^{1/3}$　　(6) $6 \div 6^{1/2}$

問3　次の関数のグラフをかけ。

(1) $y = 2^{x-1}$　　(2) $y = 2^x + 1$

問4　次の方程式や不等式を解け。

(1) $3^{3x-1} = 81$　　(2) $2^{1-x} = \sqrt[3]{2}$

(3) $4^x - 32 > 0$　　(4) $\left(\dfrac{1}{9}\right)^{1-x} \leq \left(\dfrac{1}{3}\right)^{2x}$

問5　次の2つの数の大小を比較せよ。

(1) 3^9 と 2^7　　(2) $3^{\frac{1}{4}}$ と $2^{\frac{3}{4}}$

発展問題

問6　毎日お金を2倍に増やす魔法の箱を持っているとし，この箱に1円玉を入れたとする。1週間後には箱の中に何枚の1円玉があるか答えよ。

問7　次の方程式や不等式を解け。

(1) $8^x - 3 \cdot 4^x - 3 \cdot 2^{x+1} + 8 = 0$　(2) $2^{3x} - 3 \cdot 2^{2x+1} = 5 \cdot 2^x - 30$

(3) $3 \cdot 9^x - 28 \cdot 3^x + 9 > 0$

問8　車の価値は年率15％で減価する。その車の価値が当初300万円であった場合，5年後の価値はいくらになるか答えよ。

問9　実験室で培養しようとしている細菌が，毎時1.5倍に増殖すると仮定する。10個の細菌から培養を開始した場合，10時間後には何個の細菌がいるか答えよ。

問10　年利率2.5％の銀行口座に1,000円を預けた場合，10年後の預金残高はいくらか答えよ。ただし，「年利率2.5％」とは，1年間で元金に対して2.5％の利子が発生し，その利子も翌年以降の計算に加えられることを意味する。例えば，元金が100万円の場合，1年後には2万5千円の利子がついて102万5千円となり，2年目はこの102万5千円に対して2.5％の利子が計算される。

キーワード

指数法則，指数成長，指数関数，コブ・ダグラス型生産関数，規模に対する収穫一定

第3章

対数関数

本章では，対数関数について学ぶ。第2章で扱った指数関数は，経済学で広く応用される。対数関数は，指数関数で計算した結果からもとの値を求めるための関数であり，両者には深い関係がある。本章では，1節で対数関数の定義や基本的な性質を学び，2節で経済学への応用例を紹介する。具体的には，資産が2倍になる期間を近似的に計算する「72の法則」とよばれる方法を解説する。

3.1 対数と対数関数

3.1.1 対数の定義

$2^x = 4$ や $2^x = 8$ という方程式の解を考えると，解は $x = 2$ や $x = 3$ となる。それでは，$2^x = 7$ という方程式の解を $x > 0$ の範囲で考えると，解はどうなるだろうか。計算機を用いて計算すると，$x \approx 2.81$ であることがわかる。

一般に，このような方程式の解，すなわち，「2を何乗すると7になるかの答え」を記述するものが対数である。$2^x = 7$ の2を a，7を b とおきかえた方程式 $a^x = b$ の解として，対数を定義しよう。

定義 3.1

$a > 0$ かつ $a \neq 1$ とし，$b > 0$ とする。このとき，方程式

$$a^x = b$$

を満たす実数 x がただ1つ定まる。この x を

$$\log_a b$$

で表し，a を**底**とする b の**対数**という。また，b を**真数**とよぶ。

注　定義3.1より，$a>0, a\neq 1$ かつ $b>0$ のとき，次が成り立つ。

$$a^x = b \quad \Longleftrightarrow \quad x = \log_a b$$

例 3.2

方程式 $2^x = 8$ の解は $x=3$ なので，$\log_2 8 = 3$ である。

例 3.3

方程式 $2^x = 7$ の解は，$x = \log_2 7 \approx 2.81$ である。他の例として，方程式 $3^x = 7$ の解は，$x = \log_3 7 \approx 1.77$ である。

3.1.2　対数の性質

$a>0$ のとき，指数関数について，次のような法則が成立したことを思い出そう。

$$a^m a^n = a^{m+n}, \tag{3.1}$$

$$\frac{a^m}{a^n} = a^{m-n}, \tag{3.2}$$

$$(a^m)^k = a^{mk} \tag{3.3}$$

いま，$a>0$ かつ $a\neq 1$ のとき，$M=a^m$, $N=a^n$ とおくと，(3.1) より $MN=a^{m+n}$ となる。対数の定義から，

$$m = \log_a M, \quad n = \log_a N, \quad m+n = \log_a MN$$

だから，

$$\log_a MN = \log_a M + \log_a N \tag{3.4}$$

となり，積の対数は対数の和と等しいことがわかる。また，(3.2) や (3.3) より，

$$\log_a \frac{M}{N} = \log_a M - \log_a N, \quad \log_a M^k = k\log_a M$$

となることがわかるから[1]，商の対数は対数の差と等しいこと，および，k 乗の対数は対数の k 倍と等しいことがわかる。このように積／商の対数が対数の

[1] この証明は演習問題の問7 (1), (2) とする。

和／差として表されるため，対数を用いることで，かけ算／わり算をたし算／ひき算に直して計算できる。

3.1.3　底の変換公式

$\log_2 3$ や $\log_4 9$ のような数を考えよう。対数の定義から，

- $\log_2 3$ は $2^x = 3$ の解を表す。
- $\log_4 9$ は $4^x = 9$ の解，すなわち，$2^x = 3$ の解を表す[2)]。

このことから，明らかに両者の値は一致するので，

$$\log_2 3 = \log_4 9$$

であることがわかる。また，同様に，$\log_8 27$ もこれらの数と等しいことがわかる[3)]から，

$$\log_2 3 = \log_4 9 = \log_8 27 = \cdots$$

などとなり，さまざまな表現で $\log_2 3$ を表すことができる。

いま，例えば，$\log_2 3 + \log_4 9$ を計算したいと思ったとしよう。このとき，答えは当然 $2\log_2 3$ になるが，$\log_4 9 = \log_2 3$ のように底をそろえると扱いやすい場合がある。このような複数の表現で表記できる数を一意的な表現で表すときに有用となるのが，次の**底の変換公式**である[4)]。

$$\log_N M = \frac{\log_a M}{\log_a N} \tag{3.5}$$

この公式を使えば，$\log_N M$ の底 N を自分の好きな底 a に変えることができ，底を a に統一して計算することができる。

例 3.4

底の変換公式 (3.5) を適用すると，$\log_2 3 = \dfrac{\log_{10} 3}{\log_{10} 2}$ となる。

---

2) $4^x = (2^2)^x = (2^x)^2$ と $2^x > 0$ より，$4^x = 9$ は $2^x = 3$ と同値である。

3) 読者はこの事実が正しいことを確かめてみるとよいだろう。

4) 底の変換公式の証明は演習問題の問 7 (3) とする。正確には，底や真数の条件を書いておく必要がある。読者はどのような条件が必要か考えてみよ。

3.1.4　常用対数と自然対数

さて，底の変換公式を用いることで，対数の底を揃えることができる。これに関連して，よく使用される常用対数と自然対数を紹介しよう。

- **常用対数**：底が10の対数で，主に数値計算に使用される。
  （例）$\log_{10} 2 \approx 0.3010, \log_{10} 3 \approx 0.4771$
- **自然対数**：底がネイピア数 e（3.2.1小節）の対数で，主に微積分で使用される。通常 $\log x$ のように，底を省略して書かれる。
  （例）$\log 2 = \log_e 2, \log 3 = \log_e 3$

注　自然対数を log の代わりに，ln と表す流儀もある。さらに，自然対数ではなく常用対数を log と表す流儀もある。本書では，常用対数を $\log_{10}$，自然対数を log で表す。

注　常用対数と自然対数の間には，$\log_{10} x \approx 0.43 \log x, \log x \approx 2.30 \log_{10} x$ という関係がある。

正の数 a の整数部分の桁数と常用対数 $\log_{10} a$ の値との関係について考えよう。例えば，正の数 a の整数部分が3桁であるとき，a は $10^2 \leq a < 10^3$ を満たす。したがって，この式の両辺の常用対数をとると，

$$\log_{10} 10^2 \leq \log_{10} a < \log_{10} 10^3$$

のようになる。すなわち，

$$2 \leq \log_{10} a < 3$$

となり，桁数を調べたい数の常用対数を不等式ではさむことによって，その数の桁数（いまの場合は，$\log_{10} a$ の右側にある3が桁数となる）を知ることができる。

例 3.5

$\log_{10} 3 = 0.4771$ であることを用いて，3^{20} は何桁の数かを求めよう。

$$\log_{10} 3^{20} = 20 \log_{10} 3 = 20 \times 0.4771 = 9.542$$

より，$9 < \log_{10} 3^{20} < 10$ だから，

$$10^9 < 3^{20} < 10^{10}$$

となる。よって，3^{20} は10桁の数である。

3.1.5　対数関数のグラフ

基本事項として，3.1節の最後に**対数関数**とそのグラフの例を挙げておこう。対数関数とは，対数を値にもつ関数のことである。$y = \log_2 x$ において，さまざまな x の値に対する y の値は次の表の通りである。

x	0	$\cdots$	$\frac{1}{8}$	$\frac{1}{4}$	$\frac{1}{2}$	1	2	4	8	$\cdots$
$y = \log_2 x$		$\cdots$	-3	-2	-1	0	1	2	3	$\cdots$

上の表をもとに $y = \log_2 x$ のグラフをかくと，図3.1のようになる。

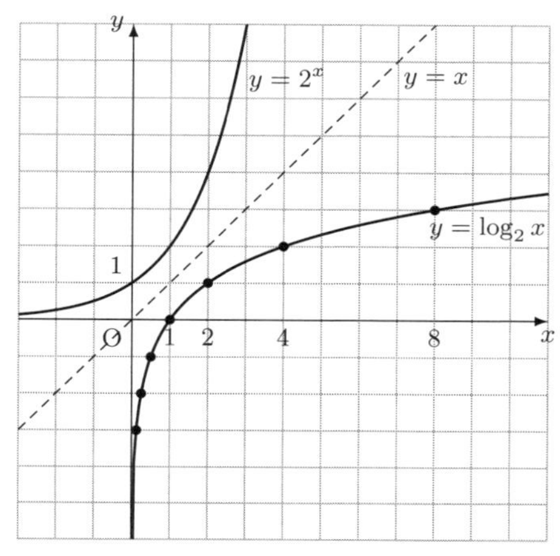

図 3.1　$y = \log_2 x$ のグラフ

このグラフは，次のような特徴をもっている。

- 定義域は正の実数全体，値域は実数全体である。
- グラフは点 $(1,0)$ と点 $(2,1)$ を通り，y 軸が漸近線になる。
- x の値が増加すると，y の値も増加する。すなわち，y は x の単調増加関数である。
- $y=x$ に関して，$y=2^x$ のグラフと対称である。

他の対数関数のグラフについては，演習問題の問4を参照されたい。

3.2　72の法則

3.2.1　ネイピア数とその応用

ネイピア数とよばれる重要な実数 e が存在する。この実数 e は無理数で，約2.718であることが知られている。可能な限り単純な例で，e が現れる状況について考えてみる。なお，元本や利子などの意味は9.1.1小節を参照のこと。

例えば，1,000円をA銀行に預けたとしよう。年利100％の利子がつくとすると，1年後の元本と利子の合計は2,000円となる。B銀行は，この100％を半年ごとに複利計算すると提案したとする。半年ごとの**複利計算**とは，最初の半年とその後の半年の利率がそれぞれ50％になるということである。半年後，1,000円は1,500円になり，さらに半年後，この1,500円は2,250円になる。数式で書くと，

$$1000 \times \left(1+\frac{1}{2}\right)^2 = 2250\ (\text{円})$$

となる。また，C銀行では，年利100％を4ヶ月ごとに複利計算すると提案したとする。これは1年間で3回繰り返されるため，1年後の元本と利子の合計は，

$$1000 \times \left(1+\frac{1}{3}\right)^3 \approx 2370\ (\text{円})$$

となる。これはB銀行の半年ごとの複利計算よりも大きな金額となっていることがわかる。

一般に，1年を n 等分して利子を複利計算すると，1年後の元本と利子の合計は，

$$1000 \times \left(1+\frac{1}{n}\right)^n$$

となる。この値は $n = 1, 2, 3, \dots$ と n を増やしていった場合，単調に大きくなっていく。しかし，この数列は無限に大きくなっていくだろうか。実は，n が増加するにつれて，$\left(1+\frac{1}{n}\right)^n$ の値は確かに増加するが，無限に大きくなるわけではなく，ある極限値（約 2.71828）に近づくことが知られている[5)]。この極限値がネイピア数 e であり，正確には，次の式で定義される[6)]。

$$e = \lim_{n\to\infty}\left(1+\frac{1}{n}\right)^n$$

つまり，利子がどれだけ頻繁に複利計算されても（たとえ，それが毎秒であったり，毎ミリ秒であったりする場合でも），1 年後の元本と利子の合計は初期預金の e 倍を超えることはない。これは金融における**連続複利計算**の基本的な性質である。したがって，1,000 円をはじめに預け，銀行が年利 100％で利子を連続複利計算した場合，1 年後に最も多く得られる金額は，

$$1000 \times \lim_{n\to\infty}\left(1+\frac{1}{n}\right)^n \approx 2718\,(\text{円})$$

であることがわかる。

3.2.2　元金が 2 倍になるまでの期間

年利（複利）r で銀行にお金を預けたときに，元金が 2 倍になる年数の近似値を簡単に求める方法について考えよう。結論を先にいってしまうと，次の命題の通りとなる。

命題 3.6

72 を年利 r でわれば，元金が 2 倍になる年数の近似値がわかる。

---

5) $a_n = (1+1/n)^n$ とし，計算機で計算すると，$a_1 = 2$, $a_{10} \approx 2.59374$, $a_{100} \approx 2.70481$, $a_{1000} \approx 2.71692$, $a_{10000} \approx 2.71815$ となる。

6) ネイピア数は $e = \lim_{x\to 0}(1+x)^{\frac{1}{x}}$ で定義することもでき，この定義と本文の定義は同値である。若干の補足説明が，4.1 節の脚注 5 にある。

この命題を信じると，例えば，年利8％ならば$72 \div 8 = 9$と計算して，約9年経つと元利合計が2倍になることがわかる。

それでは，なぜ上記のような法則が成り立つのか考えることにしよう。まず，元金をa円とし，年利（複利）r％の銀行に預金したとする。このとき，n年後の元利合計a_nは，

$$a_n = a\left(1 + \frac{r}{100}\right)^n$$

となるのであった。このa_nが元金aの2倍となる年数nを求めればよいので，$a\left(1 + \frac{r}{100}\right)^n = 2a$，すなわち，

$$\left(1 + \frac{r}{100}\right)^n = 2 \tag{3.6}$$

となるnを求めればよい。

さて，議論を進めるために，ネイピア数に関する次の式を使う。

$$e^x \approx 1 + x$$

この式は，4.2.1小節で説明される1次近似[7)][8)]であり，xが十分小さいときe^xが$1 + x$で近似できることを意味する。$x = \frac{r}{100}$とすると，

$$e^{\frac{r}{100}} \approx 1 + \frac{r}{100} \tag{3.7}$$

となる。

(3.6)と(3.7)より$e^{\frac{nr}{100}} \approx 2$が得られ，この両辺の自然対数をとると$\frac{nr}{100} \approx \log 2$，すなわち，

$$n \approx \frac{100}{r} \log 2$$

を得る。ここで計算機を用いれば，$\log 2 \approx 0.69$と求まるので，$n \approx \frac{69}{r}$を得る。この69を年利rでわって得られた年数nが，元金が2倍になる年数の近

---

7) $y = e^x$の$x = 0$における接線は$y = x + 1$となるから，近似式$e^x \approx 1 + x$が得られる。

8)（やや専門家向け）近似でなく等式として，$e^x = 1 + x + x^2/2! + x^3/3! + \cdots$ が成り立つ。この式はe^xの原点まわりでのテイラー展開によって得られるものであるが，深入りすることを避けるため，興味のある読者は[1]などを参照されたい。

似値であることがわかった。この69を72とおきかえたもの，すなわち，

$$n \approx \frac{72}{r} \tag{3.8}$$

が**72の法則**である[9)][10)]。

3.2.3　72の法則の適用例

企業が今後n年間で利益を2倍にする目標を立てたとし，その目標を達成するために毎年の利益を前年に比べてr%だけ増加させる計画を立てたとしよう。

いま，$n = 10$とし，10年間で上記の目標を達成することを考えたとすると，(3.8)から，

$$10 \approx \frac{72}{r}$$

なので，約

$$r \approx \frac{72}{10}\,\% = 7.2\,\%$$

であれば（すなわち，毎年7.2%の利益増加ができていれば），目標が達成できたことになる。実際，毎年の利益を前年に比べて$r = 7.2\,\%$だけ増加したとすると，

$$\begin{aligned}
&a_1 \approx 1.07 \cdot a, \quad a_2 \approx 1.15 \cdot a, \quad a_3 \approx 1.23 \cdot a, \quad a_4 \approx 1.32 \cdot a, \\
&a_5 \approx 1.42 \cdot a, \quad a_6 \approx 1.52 \cdot a, \quad a_7 \approx 1.63 \cdot a, \quad a_8 \approx 1.74 \cdot a, \\
&a_9 \approx 1.87 \cdot a, \quad a_{10} \approx \underline{2.00} \cdot a, \quad a_{11} \approx 2.15 \cdot a
\end{aligned}$$

となり，やはり10年後に目標は達成されていることがわかる。

---

9) 「必ず72という数字を用いて近似計算をするべきか」と問われれば，そうではないかもしれない。しかしながら，72には約数が多く，70や71を用いるよりも計算が容易になる場合が多い。

10) （専門家向け）上の計算では，$e^x \approx 1 + x$を用いた。3.2節の脚注8で述べたテイラー展開の式より，$x > 0$のときe^xは$1 + x$より真に大きくなるから，(3.8)の「72」を「69」におきかえた近似式が最善であるわけではないことを念のために注意しておく。

演習問題

基本問題

問1　次の値を求めよ。

(1) $\log_3 81$　(2) $\log_{10} 1000$　(3) $\log_{10} 125$　(4) $\log_4 \sqrt{2}$

問2　次の式を計算せよ。

(1) $\log_6 12 + \log_6 18$　(2) $\log_9 \sqrt{3}$

(3) $\log_{25} \dfrac{1}{125}$　(4) $\log_3 18 - \log_9 4$

問3　次の式を計算せよ。

(1) $\dfrac{1}{2}\log_5 3 + 3\log_5 \sqrt{2} - \log_5 \sqrt{24}$

(2) $(\log_2 3 + \log_4 9)(\log_3 4 + \log_9 2)$

(3) $(\log_3 5 + \log_9 25)(\log_5 27 - \log_{25} 3)$

問4　次の関数の定義域を確認し，グラフをかけ。

(1) $y = \log_{\frac{1}{2}} x$　(2) $y = \log_2 (x-2)$　(3) $y = \log_2 (-x)$

問5　次の方程式を解け。

(1) $\log_{0.5}(x+1)(x+2) = -1$　(2) $\log_3(x-2) + \log_3(2x-7) = 2$

問6　$\log_{10} 2 = 0.3010$ を用いて，2^{30} の桁数を求めよ。

発展問題

問7　対数の性質について，次の式を証明せよ。

(1) $\log_a \dfrac{M}{N} = \log_a M - \log_a N$

(2) $\log_a M^n = n \log_a M$

(3) $\log_N M = \dfrac{\log_a M}{\log_a N}$

問 8　次の不等式を解け。

(1) $\log_3 x + \log_3(x-2) \geqq 1$　　(2) $2\log_{0.5}(3-x) \geqq \log_{0.5} 4x$

問 9　$\log_{10} 2 = 0.3010$ を用いて，5^{60} の桁数を求めよ。

問 10　企業が今後 15 年間で利益を 2 倍にする目標を立てたとする。その目標を達成するために，毎年の利益を前年に比べて何 % 増加させる計画を立てるべきか。72 の法則を用いて求めよ。

キーワード

対数，底の変換公式，常用対数，自然対数，ネイピア数，対数関数，72 の法則

アダム・スミス

アダム・スミスは 1723 年にスコットランドで生まれた。彼は「経済学の父」とよばれており，今日の経済学に多大な影響を与えた。父親は彼が産まれる前に亡くなり，母親マーガレット・ダグラスが彼の教育に大きな役割を果たした。14 歳でグラスゴー大学に入学して哲学を学び，その後，オックスフォード大学で 6 年間ヨーロッパ文学を専攻した。

スミスの経済思想が具体化したのは，彼がエディンバラやグラスゴー大学で講義を行っていた 1750 年代にさかのぼる。とくに，1759 年に出版された『道徳感情論』では，倫理と経済が人間の感情を通じて，どのように結びつくかが論じられている。この理論的基盤は，後の著作『国富論』に深く影響を与えた。

スミスの最も有名な著作『国富論』は，1776 年に出版され，経済学の基礎を築いた。この著作では，分業による効率化，市場の自己調整機能，そして，自由市場の「見えざる手」という画期的な概念が紹介され，経済活動が政府の干渉を最小限に抑えても繁栄できることを主張した。彼はピン工場の例を通して，労働の分業化が生産性を飛躍的に向上させることを説明し，この分業化こそが経済成長の鍵であるとした。

さらに，スミスは自由市場が自然に調整される仕組みを解明し，最小限の政府介入による経済政策を支持した。この理論は，後の経済学者や政策立案者に大きな影響を与え，とくに，自由市場経済の発展に貢献した。晩年はスコットランドの税関総監として公務に従事し，1790 年にスコットランドで死去した。

第4章

微分法の考え方

本章の前半では，関数を扱う上で欠かせない極限，関数の微分係数や微分，導関数について解説する。極限は，変数がある値に限りなく近づくときや限りなく大きくなるときの関数の振る舞いを指す。微分係数は，関数のある点における接線の傾きであり，その点での関数の変化率を表す。導関数は，関数を微分して得られる関数を指す。後半では，1次近似，高階導関数や増減表などについて解説する。1次近似は，関数の局所的な挙動を直線で近似する方法である。増減表は，関数の増加や減少を視覚的に把握するために使用する。高階導関数は，関数の曲がり具合や変化の速度をさらに詳しく分析するために用いられる。これらの概念は，関数の性質を深く理解する上で重要である。

4.1 微分法の基礎

4.1.1 関数の極限

微分係数の概念を定義するための準備として，まずはじめに，関数の極限について説明しよう。x が a と異なる値をとりつつ，a に限りなく近づくとき，関数 $f(x)$ がある値 A に近づくならば，A を x が a に近づくときの $f(x)$ の**極限**や**極限値**とよび，これを

$$\lim_{x \to a} f(x) = A$$

と書く。これを $x \to a$ のとき $f(x)$ は A に**収束**するという。例えば，

$$\lim_{x \to 2} x = 2, \quad \lim_{x \to 3}(x+2) = 5, \quad \lim_{x \to -1}(x^2+2x+3) = 2$$

となる。

これらの例から一見すると，$x \to a$ の極限を考えることと，x に a を代入することは，まったく同一のことのように思われるかもしれない。しかしながら，これらは同一の概念ではない。このことを明らかにするために，次の関数を考えよう。

$$f(x) = \frac{x^2 - 1}{x - 1} \tag{4.1}$$

この関数は，$x = 1$ とすると分母が0になるため，$x = 1$ では定義されていない[1)]。しかし，分子を因数分解すると，次のようになる。

$$f(x) = \frac{x^2 - 1}{x - 1} = \frac{(x-1)(x+1)}{x - 1} = x + 1 \qquad (x \neq 1)$$

したがって，(4.1) は $x = 1$ を除いた点で，関数

$$f(x) = x + 1$$

と一致する。ゆえに，次のように捉えることが自然であろう。

$$\lim_{x \to 1} f(x) = \lim_{x \to 1} (x + 1) = 2$$

この様子を確認するために，図4.1も参照してほしい[2)]。

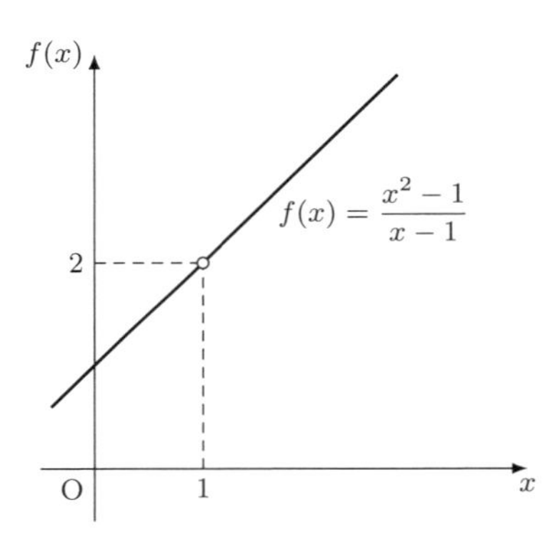

図 4.1　$f(x) = \dfrac{x^2 - 1}{x - 1}$ のグラフ

次に，関数の極限について，いくつかの事柄を補足する。まず，極限が有限な値ではない場合について説明しよう。関数 $f(x)$ において，x が a と異なる値をとりながら限りなく a に近づくとき，$f(x)$ の値が限りなく大きくなるならば，

$$\lim_{x \to a} f(x) = \infty \quad \text{または} \quad x \to a \text{ のとき } f(x) \to \infty$$

と表し，$x \to a$ のとき $f(x)$ は**正の無限大**に発散するという。また，$f(x)$ の値が負で，その絶対値が限りなく大きくなるならば，

$$\lim_{x \to a} f(x) = -\infty \quad \text{または} \quad x \to a \text{ のとき } f(x) \to -\infty$$

と表し，$x \to a$ のとき $f(x)$ は**負の無限大**に発散するという。

---

1) したがって，$f(1)$ は存在しないから，関数 $f(x)$ に $x = 1$ を代入してはいけない。

2) （やや専門家向け）厳密に $\lim_{x \to 1} f(x) = 2$ であることを証明するためには，ε-δ 論法を用いる必要がある。興味のある読者は，[1] などを参照されたい。

例 4.1

関数 $f(x) = \dfrac{1}{(x-1)^2}$ および $g(x) = -\dfrac{1}{(x-1)^2}$ を考える。$x \to 1$ のとき，$f(x)$ は正の無限大に発散し，$g(x)$ は負の無限大に発散する。

$$\lim_{x \to 1} f(x) = \infty, \quad \lim_{x \to 1} g(x) = -\infty$$

次に，右側および左側からの極限（**片側極限**）について説明する。一般に，関数 $f(x)$ において，x が a より大きい値をとりながら限りなく a に近づくとき，$f(x)$ の値が一定の値 α に限りなく近づくならば，α を x が右側から a に近づくときの $f(x)$ の極限値といい，

$$\lim_{x \to a+0} f(x) = \alpha$$

と表す。これを $f(x)$ の**右側極限**という。同様に，x が a より小さい値をとりながら，限りなく a に近づくとき，$f(x)$ の値が一定の値 β に限りなく近づくならば，β を x が左側から a に近づくときの $f(x)$ の極限値といい，

$$\lim_{x \to a-0} f(x) = \beta$$

と表し，これを $f(x)$ の**左側極限**という。

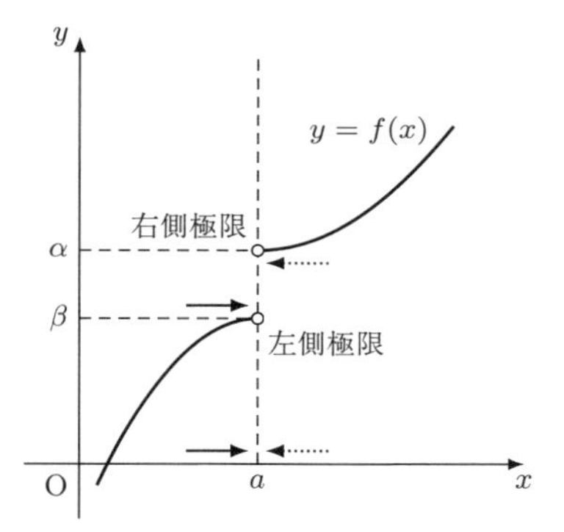

図 4.2 右側極限と左側極限

例 4.2

関数 $f(x) = \dfrac{1}{x}$ について，

$$\lim_{x \to +0} \frac{1}{x} = \infty,$$
$$\lim_{x \to -0} \frac{1}{x} = -\infty$$

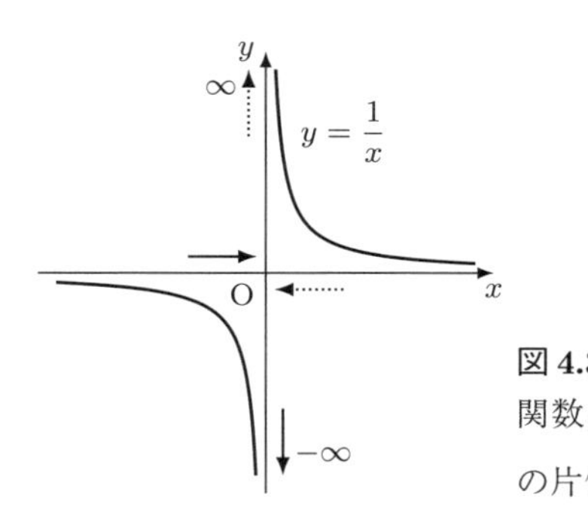

図 4.3 関数 $y = \dfrac{1}{x}$ の片側極限

本小節の最後に，$x \to \infty$, $x \to -\infty$ のときの極限について述べよう。x の値が正で限りなく大きくなることを $x \to \infty$ で表し，x の値が負でその絶対値が限りなく大きくなることを $x \to -\infty$ で表す。$x \to \infty$ のとき，$f(x)$ の値が一定の値 α に限りなく近づくとき，

$$\lim_{x \to \infty} f(x) = \alpha \quad \text{または} \quad x \to \infty \text{のとき} f(x) \to \alpha$$

と表し，$x \to \infty$ のとき $f(x)$ は α に**収束**するという。$\lim_{x \to -\infty} f(x) = \alpha$ についても同様である。

例 4.3

$$\lim_{x \to \infty} \frac{2x}{x+1} = \lim_{x \to \infty} \frac{2}{1+\dfrac{1}{x}} = 2,$$

$$\lim_{x \to -\infty} (x - x^2) = \lim_{x \to -\infty} x^2 \left(\frac{1}{x} - 1 \right) = -\infty$$

4.1.2　微分の定義

この分野でよく使われる記号としてデルタ Δ がある。慣例的に，この記号は微小な変化量を表し，例えば Δx で変数 x の微小な**変化量**を表す。

x の値が，a から $a + \Delta x$ に変わったとする。このとき $y = f(x)$ の値は，$f(a)$ から $f(a + \Delta x)$ に変わるが，この変化量を Δy と書くことにする。

$$\Delta y = f(a + \Delta x) - f(a)$$

ここで，Δx と Δy の比 $\dfrac{\Delta y}{\Delta x}$ を考えると，これは図 4.4 の直線 AB の傾きと一致することに注意しよう。すなわち，

$$\text{直線 AB の傾き} = \frac{f(a + \Delta x) - f(a)}{\Delta x} \tag{4.2}$$

である。

ここで，点 B が曲線 $y = f(x)$ 上を動きながら，点 A に近づいていく状況を考えよう[3]。直線 AB の傾きがある一定の値に近づいていくならば，その極

[3] 点 B が点 A に近づいていくことと，Δx が 0 に近づいていくことは等価であることに注意せよ。

限を関数 $f(x)$ の $x=a$ における微分係数といい，それを $f'(a)$ で表す。また，このとき，$f(x)$ は $x=a$ で微分可能であるという。まとめると次のようになる。

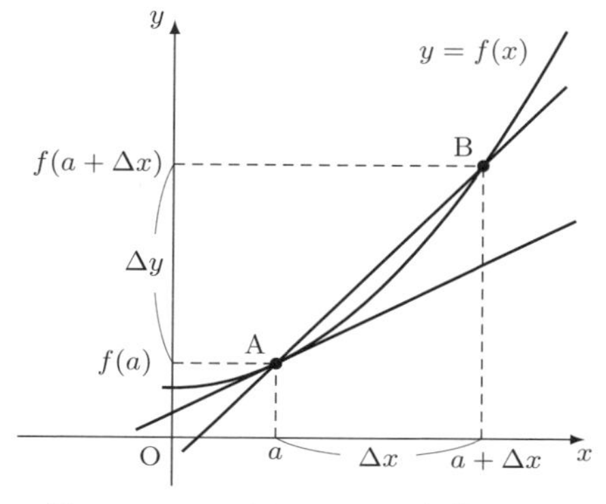

図 4.4 $y=f(x)$ のグラフと微小な変化量

定義 4.4 微分係数

関数 $f(x)$ に対し，

$$\lim_{\Delta x\to 0}\frac{f(a+\Delta x)-f(a)}{\Delta x}$$

がある値に収束するとき，これを $f'(a)$ と表し，関数 $f(x)$ の $x=a$ における**微分係数**という。また，このとき，関数 $f(x)$ は $x=a$ で**微分可能**であるという。

ここでは a を定数として，$x=a$ における微分係数を考えた。次に，一般の点 x における微分について考えよう。すなわち，次のように定義する。

定義 4.5 導関数

関数 $f(x)$ がある区間のすべての x の値で微分可能なとき，$f(x)$ はその区間で**微分可能**であるという。また，関数 $f(x)$ がある区間で微分可能であるとき，その区間の各点 a に対して微分係数 $f'(a)$ を対応させると，1つの新しい関数が得られる。この関数を $f(x)$ の**導関数**といい，$f'(x)$ で表す。すなわち，

$$f'(x)=\lim_{\Delta x\to 0}\frac{f(x+\Delta x)-f(x)}{\Delta x}$$

で定義される関数 $f'(x)$ を $f(x)$ の導関数という。また，$f(x)$ の導関数を求

めることを $f(x)$ を**微分**するという。

注　関数 $y=f(x)$ の導関数を表すのに，$f'(x)$ の他に y', $\dfrac{dy}{dx}$, $\dfrac{df}{dx}$, $\dfrac{d}{dx}f(x)$ という記号もよく使われる[4)]。

例 4.6

$f(x)=x^3$ のとき，

$$\begin{aligned} f'(x) &= \lim_{\Delta x\to 0}\frac{(x+\Delta x)^3-x^3}{\Delta x} \\ &= \lim_{\Delta x\to 0}\frac{3x^2\Delta x+3x(\Delta x)^2+(\Delta x)^3}{\Delta x} \\ &= \lim_{\Delta x\to 0}\{3x^2+3x\Delta x+(\Delta x)^2\}=3x^2 \end{aligned}$$

一般の自然数 n に対して，$f(x)=x^n$ の場合も同様に，$f'(x)=nx^{n-1}$ であることがわかる。また，一般の実数 α に対して，$f(x)=x^\alpha$ $(x>0)$ の場合も同様に，$f'(x)=\alpha x^{\alpha-1}$ となることが知られている。

4.1.3　指数・対数関数の微分

ここでは，命題 4.9, 4.10 としてまとめる事実

$$(e^x)'=e^x, \quad (\log x)'=\frac{1}{x}$$

を示す。これらは以下で証明する命題 4.7 と命題 4.8 を用いることで証明できる。

命題 4.7

$$\lim_{x\to 0}\frac{\log(1+x)}{x}=1$$

---

4) $f'(x)$ の f の右上についてある「$'$」は，プライムまたはダッシュと読む（詳細は [6] を参照されたい）。$\dfrac{d}{dx}$ のような書き方をすると，どの文字で微分したかを明示することができる。

証明 3.2 節の脚注 6 にあるネイピア数 e の別の定義式 $e = \lim_{x \to 0}(1+x)^{\frac{1}{x}}$ を用いて証明する[5)]。両辺の自然対数をとると,

$$\log e = \log \lim_{x \to 0}(1+x)^{\frac{1}{x}}$$

となる。lim と log の交換ができることに注意すると,

$$\lim_{x \to 0} \log(1+x)^{\frac{1}{x}} = 1$$

が得られる。よって,$\log(1+x)^{\frac{1}{x}} = \dfrac{1}{x}\log(1+x)$ だから,命題 4.7 は証明された。 ■

命題 4.8

$$\lim_{x \to 0} \frac{e^x - 1}{x} = 1$$

証明 $t = e^x - 1$ とおく。このとき $e^x = 1 + t$ だから,両辺の対数をとると,$x = \log(1+t)$ となる。また,$x \to 0$ のとき $t \to 0$ となることに注意する。いま,

---

5) (やや専門家向け)ネイピア数の次の 3 つの定義

(1) $e = \lim_{n \to \infty}(1+1/n)^n$ (2) $e = \lim_{x \to \infty}(1+1/x)^x$ (3) $e = \lim_{x \to 0}(1+x)^{\frac{1}{x}}$

は同値であることが知られている。ここで,(1) は自然数 n を ∞ とした極限,(2) は実数 x を ∞ とした極限,(3) は実数 x を 0 とした極限である。

以下に非常に簡略化した説明を述べる。興味のある読者のみ参照されたい。まず,(3) ⇒ (2), (2) ⇒ (1) は明らかである。逆に,(1) ⇒ (2) は,$n \leq x < n+1$ として,

$$\frac{\left(1+\dfrac{1}{n+1}\right)^{n+1}}{1+\dfrac{1}{n+1}} = \left(1+\frac{1}{n+1}\right)^n < \left(1+\frac{1}{x}\right)^x$$

$$< \left(1+\frac{1}{n}\right)^{n+1} = \left(1+\frac{1}{n}\right)^n\left(1+\frac{1}{n}\right)$$

より,はさみうちの原理を用いればいえる。また,(2) ⇒ (3) は,右側極限と左側極限の 2 つの式 $e = \lim_{h \to +0}(1+h)^{\frac{1}{h}}$ と $e = \lim_{h \to -0}(1+h)^{\frac{1}{h}}$ をいえばよい。前者は明らかで,後者は $x = -1/h$ のような文字のおきかえをすればよい。

$$\lim_{x\to 0}\frac{e^x-1}{x}=\lim_{t\to 0}\frac{t}{\log(1+t)}=\lim_{t\to 0}\frac{1}{\frac{1}{t}\log(1+t)}=\lim_{t\to 0}\frac{1}{\log(1+t)^{\frac{1}{t}}}$$

だから，命題4.7より，

$$\lim_{x\to 0}\frac{e^x-1}{x}=\frac{1}{\log e}=1$$

となる。 ■

命題 4.9　e^x の微分公式

$f(x)=e^x$ のとき，$f'(x)=e^x$ が成り立つ。

証明　導関数の定義より，

$$f'(x)=\lim_{\Delta x\to 0}\frac{e^{x+\Delta x}-e^x}{\Delta x}$$

である。この式を変形すると，

$$f'(x)=\lim_{\Delta x\to 0}\frac{e^x(e^{\Delta x}-1)}{\Delta x}=e^x\lim_{\Delta x\to 0}\frac{e^{\Delta x}-1}{\Delta x}=e^x$$

となる。最後の符号で命題4.8を用いた ■

命題 4.10　$\log x$ の微分公式

$f(x)=\log x$ のとき，$f'(x)=\dfrac{1}{x}$ が成り立つ。

証明　導関数の定義より，

$$f'(x)=\lim_{\Delta x\to 0}\frac{\log(x+\Delta x)-\log x}{\Delta x}=\lim_{\Delta x\to 0}\frac{\log\left(1+\frac{\Delta x}{x}\right)}{\Delta x}$$

である。この式を変形すると，

$$f'(x)=\lim_{\Delta x\to 0}\log\left(1+\frac{\Delta x}{x}\right)^{\frac{1}{\Delta x}}=\lim_{\Delta x\to 0}\log\left\{\left(1+\frac{\Delta x}{x}\right)^{\frac{x}{\Delta x}}\right\}^{\frac{1}{x}}$$

となる。ここで，$\lim_{\Delta x \to 0}\left(1+\frac{\Delta x}{x}\right)^{\frac{x}{\Delta x}} = e$ だから[6)]，題意は示された。 ■

4.1.4 微分法の基本公式

微分演算については，次の公式がよく知られている。(4.5) は**積の微分公式**，(4.6) は**商の微分公式**とよばれている。

$$(f(x)+g(x))' = f'(x)+g'(x), \tag{4.3}$$

$$(kf(x))' = kf'(x) \qquad (k\text{ は定数}), \tag{4.4}$$

$$(f(x)g(x))' = f'(x)g(x)+f(x)g'(x), \tag{4.5}$$

$$\left(\frac{f(x)}{g(x)}\right)' = \frac{f'(x)g(x)-f(x)g'(x)}{(g(x))^2} \qquad (g(x)\neq 0) \tag{4.6}$$

例 4.11

上の公式の具体的な適用例を見てみよう。

(1) (4.3) の適用例：$f(x)=e^x$, $g(x)=\log x$ のとき，

$$(e^x+\log x)' = (e^x)'+(\log x)' = e^x+\frac{1}{x}$$

(2) (4.4) の適用例：$k=3$, $f(x)=e^x$ のとき，

$$(3e^x)' = 3(e^x)' = 3e^x$$

(3) (4.5) の適用例：$f(x)=e^x$, $g(x)=\log x$ のとき，

$$\begin{aligned}(e^x\cdot\log x)' &= (e^x)'\cdot\log x+e^x\cdot(\log x)' \\ &= e^x\log x+e^x\cdot\frac{1}{x} = e^x\left(\log x+\frac{1}{x}\right)\end{aligned}$$

(4) (4.6) の適用例：$f(x)=e^x$, $g(x)=x^2+1$ のとき，

$$\left(\frac{e^x}{x^2+1}\right)' = \frac{(e^x)'\cdot(x^2+1)-e^x\cdot(x^2+1)'}{(x^2+1)^2} = \frac{e^x(x^2-1)^2}{(x^2+1)^2}$$

---

6) これは，$t=\Delta x/x$ とおくことにより，$\lim_{\Delta x\to 0}(1+\Delta x/x)^{\frac{x}{\Delta x}} = \lim_{t\to 0}(1+t)^{\frac{1}{t}} = e$ となることからわかる。

4.2　微分法の応用

4.2.1　接線と1次近似

座標平面において，点 (a, b) を通り，傾きが m の**直線の方程式**は，

$$y = m(x - a) + b$$

と表されたことを思い出そう[7)]。これを用いると，曲線 $y = f(x)$ について，点 $(a, f(a))$ における**接線の方程式**は次のように表すことができる[8)]。

$$y = f'(a)(x - a) + f(a)$$

ここで，図4.5において，曲線は $y = f(x)$ のグラフを表しており，直線は点 $(a, f(a))$ での接線を表している。図4.5を見ると容易に想像ができるように，2つのグラフは点 $(a, f(a))$ の付近で近接しているから，$x = a$ の付近で2つのグラフの y 座標はほぼ等しいことが期待できる。このような（ある点 $x = a$ での）接線による近似を用いて，もとの関数 $f(x)$ の値を考察するのが**1次近似**である[9)]。

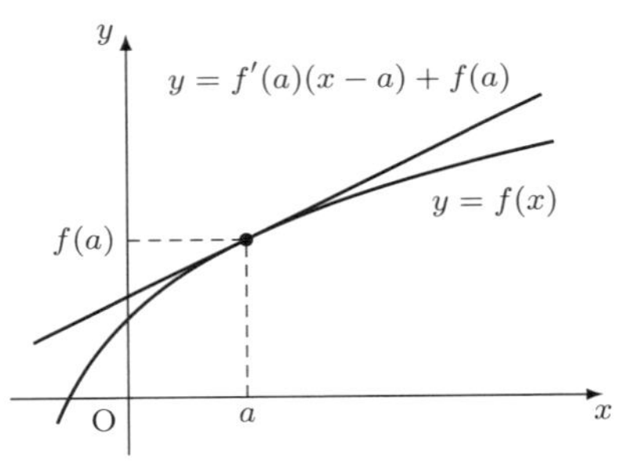

図4.5　$y = f(x)$ と点 $(a, f(a))$ における接線

例 4.12　1次近似

関数 $f(x) = x^2$ を考えよう。その導関数は $f'(x) = 2x$ となる。よって，曲線 $y = f(x)$ 上の点 $(1, 1)$ における接線は，次のようになる。

$$y = 2(x - 1) + 1 = 2x - 1$$

---

7) この式の x に a を，y に b を代入すると，確かに式は成立するから，直線 $y = m(x-a)+b$ は点 (a, b) を通っていることがわかる。また，x の係数は m だから，傾きは m である。

8) $f'(a)$ は $x = a$ における関数 $f(x)$ の微分係数であり，接線の傾きを表すのであった。したがって，$m = f'(a)$ となる。

9) 直線は $y = ax + b$ のように x の1次式で表されるので，直線を用いた近似を1次近似という。

これをもとに，もとの関数 $f(x)=x^2$ の $x=1$ 付近，例えば，$x=1.1$ における近似値を考えよう。まず，$f(1.1)=1.21$ である。また，$y=2x-1$ に $x=1.1$ を代入すると $y=1.2$ となる。したがって，$f(x)=x^2$ を $y=2x-1$ である程度近似できていることがわかる。

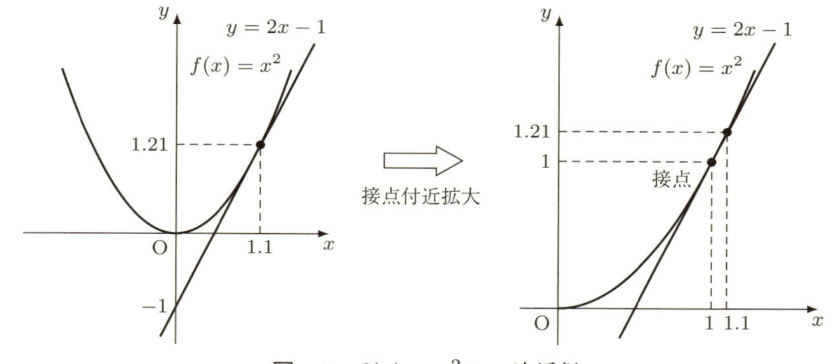

図 4.6 $f(x)=x^2$ の 1 次近似

4.2.2 関数の増減と極値

これまで我々は，関数の微分の定義と接線の方程式などについて学習した。本小節では，微分した関数から得られる情報をもとに，もとの関数のグラフの形状について考察する。関数 $y=f(x)$ の導関数 $f'(x)$ は，もとの関数のグラフの接線の傾きを表していたため，関数 $y=f(x)$ の値の増減は次のようになる。

- $f'(x)>0$ となる区間，すなわち接線の傾きが正となる区間で増加する。
- $f'(x)<0$ となる区間，すなわち接線の傾きが負となる区間で減少する。

関数 $y=f(x)$ の増減と微分係数の符号をまとめて表にしたものを**増減表**とよぶ。例えば，図 4.7 の関数 $y=f(x)$ の増減表は，次のようになる。ここで，関数 $f(x)$ は $x=x_1$ で局所的に最大値をとっており，この値を関数 $f(x)$ の**極大値**とよぶ。同様に，$x=x_2$ での関数 $f(x)$ の値を**極小値**とよぶ。極大値と極小値をまとめて**極値**という。

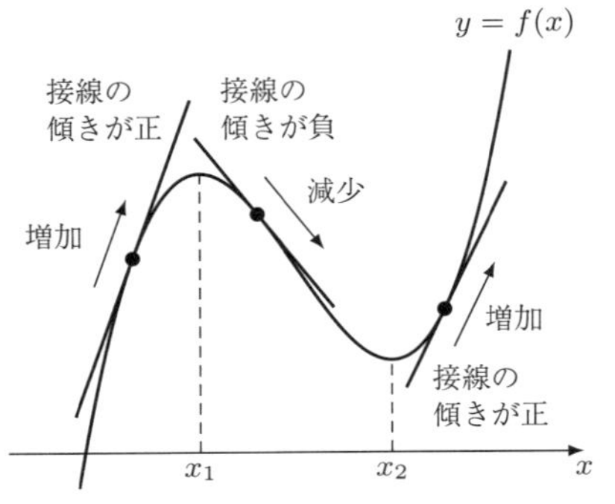

x		x_1		x_2	
$f'(x)$	$+$	0	$-$	0	$+$
$f(x)$	↗	極大	↘	極小	↗

図 4.7　関数の増減とそのグラフの接線の傾き

注　図 4.8 の左側のグラフを見るとわかるように，関数 $f(x)$ が極値をとるとき，その点での曲線の接線の傾き（微分係数）は 0 になる。しかしながら，ある点での微分係数が 0 であっても，図 4.8 の右側のグラフから見てとれるように，必ずしも関数がその点で極値をとるとは限らない。

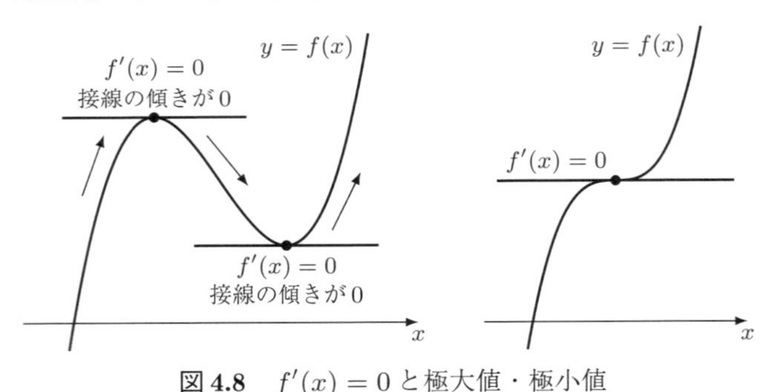

図 4.8　$f'(x) = 0$ と極大値・極小値

4.2.3　高階導関数

高階導関数とは，関数を複数回微分したものである。関数 $y = f(x)$ の **1 階導関数**は y', $f'(x)$, $\dfrac{df}{dx}$, $\dfrac{dy}{dx}$ などと表された。この 1 階導関数をさらに微分することで，y'', $f''(x)$, $\dfrac{d^2 f}{dx^2}$, $\dfrac{d^2 y}{dx^2}$ などと表記される **2 階導関数**が得られる。また，これを繰り返すことにより，3 階導関数，4 階導関数，$\cdots$，n 階導関数を得ることができる[10)]。n 階導関数は次のように表される。

$$f^{(n)}(x) = \frac{d^n y}{dx^n} = \underbrace{\frac{d}{dx} \cdots \frac{d}{dx}}_{n \text{ 回}} f(x)$$

このように，高階導関数は微分の操作を繰り返すことで定義される。

4.2.4 曲線の凹凸

前小節では高階導関数の定義を示した。ここでは，2 階導関数について考察しよう。関数 $y = f(x)$ の導関数 $f'(x)$ は，もとの関数のグラフの接線の傾きを表していた。さらに，図 4.9 から，関数 $y = f(x)$ の値の増減は，次のようになることがわかる。

(i) $f''(x) > 0$ となる区間において，$f'(x)$ の値は増加する。すなわち，曲線 $y = f(x)$ の接線の傾きが増加する。

(ii) $f''(x) < 0$ となる区間において，$f'(x)$ の値は減少する。すなわち，曲線 $y = f(x)$ の接線の傾きが減少する。

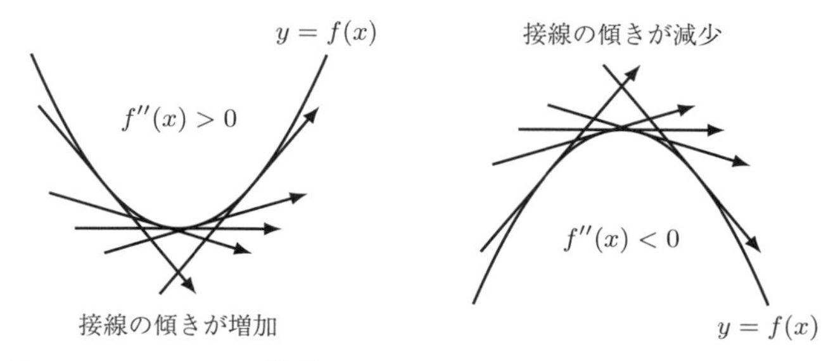

図 4.9　$y = f(x)$ の接線の傾きが (i) 増加，(ii) 減少していく様子

ある区間で x の値が増加すると，曲線 $y = f(x)$ の接線の傾きが増加するとき，この曲線は**下に凸**であるという。また逆に，接線の傾きが減少するとき，この曲線は**上に凸**であるという。

10) 関数 $y = f(x)$ の 3 階導関数は，y''', $f'''(x)$, $\dfrac{d^3 f}{dx^3}$, $\dfrac{d^3 y}{dx^3}$ などと表記される。

例 4.13

関数 $f(x)=x^3-3x$ の増減表を2階微分を用いて作成し，曲線 $y=f(x)$ の凹凸について詳しく調べよう。まず，1階導関数を求める。

$$f'(x)=\frac{d}{dx}(x^3-3x)=3x^2-3$$

1階導関数の極値を求めるために，$f'(x)=3x^2-3=0$ を解くと $x^2=1$ となり，$x=\pm1$ で解をもつことがわかる。次に，2階導関数は，

$$f''(x)=\frac{d}{dx}(3x^2-3)=6x$$

となるから，曲線の凹凸を確認すると，

- $x=-1$ において $f''(x)=-6<0$ だから，この点では曲線は上に凸
- $x=1$　において $f''(x)=6$　>0 だから，この点では曲線は下に凸

となることがわかる。したがって，$x=-1$ は極大値を与え，$x=1$ は極小値を与える。増減表とグラフは，それぞれ次のようになる。

x		-1		0		1	
$f'(x)$	$+$	0	$-$	$-$	$-$	0	$+$
$f''(x)$	$-$	$-$	$-$	0	$+$	$+$	$+$
$f(x)$	↗	2	↘	0	↗	-2	↗

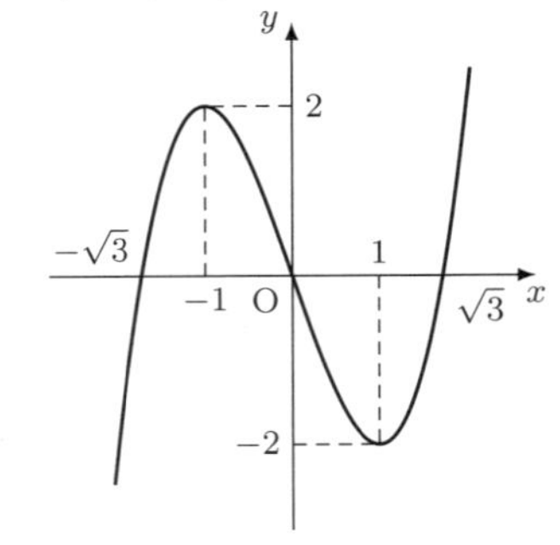

図 4.10　曲線 $y=x^3-3x$

このように，2階導関数を用いて曲線の凹凸を調べることで，増減の変化をより詳細に理解することができる。

演習問題

基本問題

問 1　次の極限を求めよ。

(1) $\displaystyle\lim_{x\to 1}(x^2+3x-2)$　　(2) $\displaystyle\lim_{x\to -\infty}(x^2+2x-3)$

(3) $\displaystyle\lim_{x\to -1}\frac{x^2-2x-3}{x+1}$　　(4) $\displaystyle\lim_{x\to \infty}\frac{x^2-1}{x^2+4x-5}$

問 2　次の関数を x で微分し，[　] 内の値における微分係数を求めよ。

(1) $y=x^2+6x-11$　$[x=1]$　(2) $y=3x(x-2)^2$　$[x=2]$

問 3　次の各問いに答えよ。

(1) $f(x)=4x-1$, $g(x)=3x^2+2x$ のとき，$f(x)+g(x)$ の導関数を求めよ。

(2) $f(x)=5e^x$ のとき，$3f(x)$ の導関数を求めよ。

(3) $f(x)=\log x$, $g(x)=x+1$ のとき，$f(x)g(x)$ の導関数を求めよ。

(4) $f(x)=e^x$, $g(x)=x+1$ のとき，$\dfrac{f(x)}{g(x)}$ の導関数を求めよ。

問 4　次の各問いに答えよ。

(1) $y=x^2+x+1$ の $x=1$ における接線の方程式を求めよ。

(2) $y=\dfrac{1}{x+1}$ の $x=-2$ における接線の方程式を求めよ。

問 5　次の各問いに答えよ。

(1) $f(x)=x^3-3x^2+2x$ の増減表を作成し，$y=f(x)$ のグラフをかけ。

(2) $f(x)=3x^4-16x^3+18x^2+50$ の増減表を作成せよ。

(3) $f(x)=x^4-2x^3+x^2-x+1$ に対して，$f''(x)$ を求めよ。

(4) $f(x)=e^{2x}$ に対して，$f^{(4)}(x)$ を求めよ。

発展問題

問6　関数 $y=x^2-x$ のグラフ上の点 $(1,0)$ における接線の方程式を求めよ。また，それを用いて，$x=1.1$ および $x=0.9$ における近似値を求めよ。

問7　次の関数の増減表を作成せよ。

(1) $y=e^x-x$　　(2) $y=\dfrac{2x}{x^2+1}$

問8　次の関数に対して，$f'''(x)$ を求めよ。

(1) $f(x)=\log(x^2+1)$　　(2) $f(x)=\dfrac{1}{x+2}$

問9　次の各問いに答えよ。ただし，$a>0$, $a\neq 1$ とする。

(1) $f(x)=a^x$ のとき，$f'(x)=a^x\log a$ を証明せよ。

(2) $f(x)=\log_a x$ のとき，$f'(x)=\dfrac{1}{x\log a}$ を証明せよ。

キーワード

極限，微分係数，1次近似，増減表，高階導関数

第5章

合成関数の微分法

合成関数の微分法は高校数学でも扱われる内容であるが，初見の読者にとっては，比較的習得難度が高いものである。本章では，写像や関数，合成写像や合成関数の定義や例からはじめ，合成関数の微分法に関連する基本的事項について解説する。すでにこの概念になじみのある読者は，定義や用語の取りこぼしがないかと，5.2節の応用例について確認してほしい。

5.1 合成関数の微分法

5.1.1 写像と関数

これまでの章で我々は，主に実数xに対して定義された実数を値にとる関数$f(x)$について考えてきた。本章では関数のより一般的な概念として，写像の概念を紹介しよう。

X, Yを集合[1]とする。任意の$x \in X$に対して，Yの要素yを1つ返すような対応fをXからYへの**写像**といい，

$$\begin{aligned} f: X &\longrightarrow Y \\ x &\longmapsto y \end{aligned}$$

と書く[2]。このとき，Xを関数fの**定義域**といい，Yを**終域**という。また，xが写像fの定義域Xのすべての要素をわたるとき，$f(x)$の形に書けるYのすべての要素からなる集合をfの**値域**という。値域は終域の部分集合である。写像の定義域Xが実数全体の集合$\mathbb{R}$の部分集合であり[3]，終域Yが$\mathbb{R}$であると

---

1) 集合とは，ものの集まりのことを指す。aが集合Xの要素であるとき$a \in X$と書き，そうでないとき$a \notin X$と書く。

2) 読者は矢印の形が変わっていることに注意されたい。定義域から終域への矢印は$\longrightarrow$，集合の要素の対応には$\longmapsto$を使う。

3) $\mathbb{R}$自身も$\mathbb{R}$の部分集合である。

き，この写像 f を**関数**ともいう[4)]。

例 5.1　写像や関数の例

基本的な例として，例えば，以下のようなものがある。

(1)　**恒等写像（恒等関数）**

これは最も単純な写像の一つで，ある集合 A のすべての要素 x が自分自身に対応する。この写像は，

$$\begin{aligned} f: A &\longrightarrow A \\ x &\longmapsto x \end{aligned}$$

と表現される。つまり，すべての $x \in A$ に対して，$f(x) = x$ となる。この写像の定義域，終域，値域は A である。

(2)　**平方写像（平方関数）**

これは実数全体の集合 $\mathbb{R}$ の要素 x を 0 以上の実数 x^2 に対応させる写像で，

$$\begin{aligned} f: \mathbb{R} &\longrightarrow \mathbb{R} \\ x &\longmapsto x^2 \end{aligned}$$

と表現される。つまり，すべての $x \in \mathbb{R}$ に対して，$f(x) = x^2$ となる。この写像の定義域と終域は $\mathbb{R}$，値域は $\mathbb{R}_{\geq 0}$ である。

(3)　**指数写像（指数関数）**

これは実数全体の集合 $\mathbb{R}$ の要素 x を正の実数 e^x に対応させる写像で，

$$\begin{aligned} f: \mathbb{R} &\longrightarrow \mathbb{R} \\ x &\longmapsto e^x \end{aligned}$$

と表現される。つまり，すべての $x \in \mathbb{R}$ に対して，$f(x) = e^x$ となる。この写像の定義域と終域は $\mathbb{R}$，値域は $\mathbb{R}_{>0}$ である。

[4)] 写像と関数の用語の使い分けについては，いくつかの流儀があるが，本書ではこのような定義で統一する。経済学では定義域も終域も，$\mathbb{R}$ の部分集合であることがほとんどであるため，写像と関数は等価であると思っても大きな問題は起きない。

例 5.2　写像でないものの例

有理数全体の集合 $\mathbb{Q}$ から整数全体の集合 $\mathbb{Z}$ への対応 f を次のように定義する。

$$\begin{aligned} f : \mathbb{Q} &\longrightarrow \mathbb{Z} \\ \frac{p}{q} &\longmapsto p+q \qquad (p \text{ と } q \text{ は整数，} q \neq 0) \end{aligned}$$

すなわち，f を

$$f\left(\frac{p}{q}\right) = p+q \qquad (p \text{ と } q \text{ は整数，} q \neq 0)$$

で定義する。この f は写像（関数）にならない。

実際,

$$f\left(\frac{1}{2}\right) = 1+2 = 3 \qquad \text{や} \qquad f\left(\frac{2}{4}\right) = 2+4 = 6$$

となるが，これらは $\dfrac{1}{2} = \dfrac{2}{4}$ であるにもかかわらず，$f\left(\dfrac{1}{2}\right) \neq f\left(\dfrac{2}{4}\right)$ となり一致しない。これは $x = \dfrac{1}{2} = \dfrac{2}{4}$ に対して，Y の要素 y を 1 つ返すような対応になっていないためであり，f は写像（関数）ではないことがわかる。

5.1.2　合成写像

次に，合成写像について説明しよう。**合成写像**とは，2 つ以上の写像を組み合わせて作り出した新たな写像のことをいう。X, Y, Z を集合とし，写像 f, g を以下のようにする。

$$\begin{aligned} f : X &\longrightarrow Y & \qquad g : Y &\longrightarrow Z \\ x &\longmapsto y = f(x) & y &\longmapsto z = g(y) \end{aligned}$$

このとき，写像 g と f を合成した合成写像は,

$$\begin{aligned} g \circ f : X &\longrightarrow Z \\ x &\longmapsto z = (g \circ f)(x) = g(f(x)) \end{aligned}$$

で定義される[5)]。この関係を図示すると，図5.1のようになる。

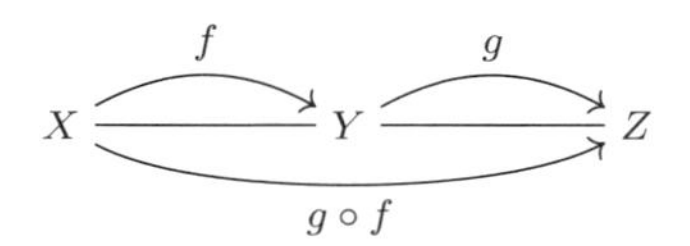

図5.1　g と f の合成写像

5.1.3　合成関数の微分法

以下では関数の微分について考えるために，写像の定義域や終域はすべて $\mathbb{R}$ の部分集合であるとし，写像と関数は同じものであると考え，どちらも関数とよぶことにする。とくに，ここでは**合成関数**を取り上げる。まず，前小節と同様に，

$$z = g(y), \qquad y = f(x), \qquad z = (g \circ f)(x) = g(f(x))$$

とする。このとき，微分の定義により，z の導関数は次のようになる[6)7)]。

$$\begin{aligned}\frac{dz}{dx} &= \lim_{\Delta x \to 0} \frac{(g \circ f)(x + \Delta x) - (g \circ f)(x)}{\Delta x} \\ &= \lim_{\Delta x \to 0} \frac{g(f(x + \Delta x)) - g(f(x))}{\Delta x} \\ &= \lim_{\Delta x \to 0} \frac{g(f(x + \Delta x)) - g(f(x))}{f(x + \Delta x) - f(x)} \cdot \frac{f(x + \Delta x) - f(x)}{\Delta x}\end{aligned}$$

ここで，$\Delta y = f(x + \Delta x) - f(x)$ とおくと，

$$\frac{g(f(x + \Delta x)) - g(f(x))}{f(x + \Delta x) - f(x)} = \frac{g(y + \Delta y) - g(y)}{\Delta y}$$

---

5) 正統ではないが，著者が普段よくする読み方は「g まる f」である。

6) はじめの式変形は微分の定義によるものである。すなわち，微分の定義によれば，$z = F(x)$ のとき $\dfrac{dz}{dx} = \lim_{\Delta x \to 0} \dfrac{F(x + \Delta x) - F(x)}{\Delta x}$ であり，いまは $F = g \circ f$ となっている。

7) （やや専門家向け）本来，最後の式変形で，$f(x + \Delta x) - f(x) = 0$ となる場合を考慮しなければならないことを注意しておく。ここで起こる問題は，$\dfrac{g(f(x + \Delta x)) - g(f(x))}{f(x + \Delta x) - f(x)}$ を拡張することで回避できることが知られているが，ここではそのことについて触れないことにする。

のように書きかえられるから，

$$\frac{dz}{dx} = \lim_{\Delta x \to 0} \frac{g(y + \Delta y) - g(y)}{\Delta y} \cdot \frac{f(x + \Delta x) - f(x)}{\Delta x} \tag{5.1}$$

となる。

$$\frac{dz}{dy} = \frac{d}{dy} g(y) = \lim_{\Delta y \to 0} \frac{g(y + \Delta y) - g(y)}{\Delta y},$$
$$\frac{dy}{dx} = \lim_{\Delta x \to 0} \frac{f(x + \Delta x) - f(x)}{\Delta x}$$

であることに注意する。また，$\Delta y = f(x + \Delta x) - f(x)$ だから，$\Delta x \to 0$ のとき，$\Delta y \to 0$ であることにも注意すると，(5.1) より，

$$\frac{dz}{dx} = \frac{dz}{dy} \cdot \frac{dy}{dx} \tag{5.2}$$

が成り立つ。(5.2) を**合成関数の微分法**の公式という。

例 5.3　合成関数の微分法の計算例

$z = y^3$, $y = x^2 + x$ のとき，$\dfrac{dz}{dx}$ を求めよう。ここでは，(5.2) を使わない直接的な方法と，(5.2) を使った方法の 2 通りの計算方法を示すことにする。

まず，公式を使わない方法を説明しよう。z を直接書き下すと，

$$z = y^3 = (x^2 + x)^3 = x^6 + 3x^5 + 3x^4 + x^3$$

となるから，

$$\frac{dz}{dx} = 6x^5 + 15x^4 + 12x^3 + 3x^2$$

となり，多項式の微分の知識だけで計算できる[8)]。

一方，$\dfrac{dz}{dy} = 3y^2$, $\dfrac{dy}{dx} = 2x + 1$ だから，(5.2) を用いると，

$$\begin{aligned}\frac{dz}{dx} &= \frac{dz}{dy} \cdot \frac{dy}{dx} = 3y^2 \cdot (2x + 1) \\ &= 3(x^2 + x)^2 \cdot (2x + 1) = 6x^5 + 15x^4 + 12x^3 + 3x^2\end{aligned}$$

となり，同じ結果が得られる。

例 5.4

関数 $z = e^{x^2}$ を x で微分することを考えよう。$y = x^2$ とすると，$z = e^y$ となる。このとき，$\dfrac{dz}{dy} = e^y$, $\dfrac{dy}{dx} = 2x$ だから，$\dfrac{dz}{dx}$ は次のように計算できる。

$$\frac{dz}{dx} = \frac{dz}{dy} \cdot \frac{dy}{dx} = e^y \cdot 2x = 2xe^{x^2}$$

本小節の最後に，関数 $z = \log f(x)$ を x で微分する公式を与えよう。$y = f(x)$ とする。このとき，$z = \log y$ より $\dfrac{dz}{dy} = \dfrac{1}{y}$ だから，合成関数の微分法の公式 (5.2) より，

$$\frac{dz}{dx} = \frac{dz}{dy} \cdot \frac{dy}{dx} = \frac{1}{y} \cdot f'(x) = \frac{f'(x)}{f(x)}$$

となる。すなわち，

$$\frac{d}{dx}(\log f(x)) = \frac{f'(x)}{f(x)}$$

が得られる[9)]。

この公式は使用頻度が高い。例えば，$\log 2x$ の微分は $\dfrac{d}{dx}(\log 2x) = \dfrac{(2x)'}{2x} = \dfrac{2}{2x} = \dfrac{1}{x}$ となる[10)][11)]。

5.2　商品価格の時間的変化

本節では，ある商品の価格が時間とともに変化する状況を考え，時間の変化に対するこの商品の需要量の変化について考察しよう。以下では，需要量は商品の価格のみによって決まると仮定して議論を行うことにする。

---

8) しかしながら，この方法はつねに適切な方法であるわけではない。実際に，次の例 5.4 では，この直接計算による方法は使えない。

9) $f(x)$ の対数 $\log f(x)$ をとって，それを微分することを**対数微分**という。

10) この場合は，$f(x) = 2x$ だから，$f'(x) = 2$ である。

11) $\log 2x = \log 2 + \log x$ だから，この場合は，$\dfrac{d}{dx} \log f(x) = \dfrac{f'(x)}{f(x)}$ を用いずに計算しても，同じ結果を得ることができる。

まず，商品の価格を y とすると，これは時間 t とともに変化するのであったから，

$$y = p(t)$$

とおける[12)]。また，消費者の需要量を z とすると，これは商品の価格 y によって決まると仮定していたから，

$$z = q(y)$$

とおける。したがって，$z = q(p(t)) = (q \circ p)(t)$ となるから，z は p と q によって作られる合成関数であることがわかる。一般に，経済学では，ある商品の価格が需要に及ぼす大きさを関数で表したものを需要関数とよぶが，本節ではこの z を**需要関数**とよぶことにする。

さて，このような状況下では，合成関数の微分法の公式 (5.2) は次のように表される。

$$\frac{dz}{dt} = \frac{dz}{dy} \cdot \frac{dy}{dt} \tag{5.3}$$

ここで，上の式の各項の意味は次の通りである。

- $\dfrac{dz}{dt}$ は需要関数 z の時間 t についての微分であり，時間の変化に対する需要量の変化を表す。
- $\dfrac{dz}{dy}$ は需要関数 z の商品の価格 y についての微分であり，価格の変化に対する需要量の変化を表す。
- $\dfrac{dy}{dt}$ は商品の価格 y の時間 t についての微分であり，時間の変化に対する価格の変化を表す。

(5.3) では，3 つの量 $\dfrac{dz}{dt}, \dfrac{dz}{dy}, \dfrac{dy}{dt}$ が与えられているが，この中で我々が知りたいのは，時間の変化に対する需要量の変化 $\dfrac{dz}{dt}$ であった。例 5.5, 5.6 では，具体的な関数を仮定し，$\dfrac{dz}{dt}$ がどのように変化するかを見ることにする。

---

12) ここでは，価格や時間などに，あえて円や時間などの単位を与えないことにする。経済学ではモデルを考えるときに，具体的な単位を与えずに議論することがある。単位を具体的に与えない方が抽象性が増し，本質をわかりやすく伝えられる場合があるが，実証研究をする場合などには，単位をきちんと与えることも必要である。

例 5.5　一定価格変動

商品の価格 y に対して，需要関数 z が $z=100-2y$ のように与えられているとする[13)]。また，商品の価格 y は時間 t とともに，$y=5+0.5t$ のように変化すると仮定する。ここで，t は月単位の時間とする。このとき，$\dfrac{dz}{dy}=-2$，$\dfrac{dy}{dt}=0.5$ だから，(5.3) より，

$$\frac{dz}{dt}=\frac{dz}{dy}\cdot\frac{dy}{dt}=-2\cdot 0.5=-1$$

となる。

いま考えている状況では $\dfrac{dz}{dt}=-1$ だから，時間が1単位分だけ進むにつれ，需要量が毎月1単位分ずつ減少することがわかる。この例を視覚化すると，図5.2のようになる。

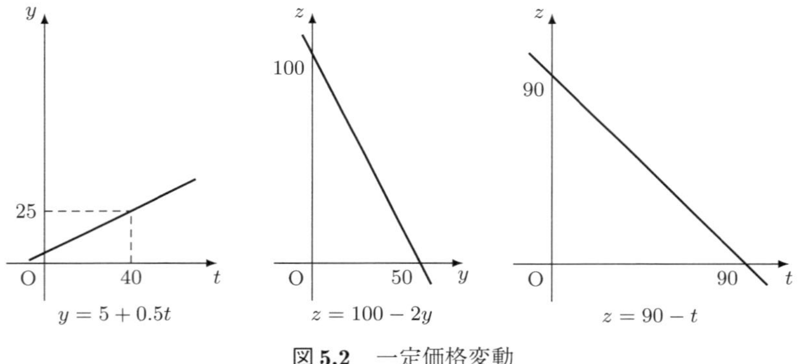

図 5.2　一定価格変動

注　勘のよい読者は，例5.5の計算において，合成関数の微分法の公式 (5.2) や (5.3) を使わなくても，直接計算によって同じ結論を得られることに気がついたであろう。すなわち，$z=100-2y$ に $y=5+0.5t$ を代入すると，$z=90-t$ が得られるから，直接この関数を考察すればよいということである。この指摘は確かに正しく，

---

13) $z=100-2y$ を見ると，商品の価格 y が増えると，需要量 z が減少していることがわかる。y を50以上にすると需要量 z が0以下になってしまうため，ここでは暗に，$0<y<50$ において成立する式だと思っておくことにする。以下の例で扱う関数についても，同様に考えるものとする。

もしも直接的な考察ができるのであれば，それに越したことはない。

しかしながら，需要関数が商品の価格（を表す関数）だけではなく，別の関数にも依存して決まる場合など[14]，より複雑な状況を考える場合には，例 5.5 の考え方を発展させて考える必要がある。その方法の基礎を説明しているという点では，例 5.5 は無駄ではないようにも思われる。調べたい関数が，複数の関数に依存して決まる状況などについては，後の 7.2 節を参照されたい。

例 5.6　指数的価格変動

例 5.5 より少し複雑な需要関数について考えよう。商品の価格 y に対して，需要関数 z が次のように与えられているとする。

$$z = 100 - 2y$$

また，商品の価格 y は時間 t とともに，次のように変化すると仮定する。

$$y = 5 + 10e^{0.1t}$$

このとき，$\dfrac{dz}{dy} = -2,\ \dfrac{dy}{dt} = e^{0.1t}$ だから，公式 (5.3) より，

$$\frac{dz}{dt} = \frac{dz}{dy} \cdot \frac{dy}{dt} = -2e^{0.1t}$$

となる[15]。この計算より，時間が進むごとに，商品の需要量は指数的な変化率で減少することがわかる。

[14] すなわち，例 5.5 の状況では，z は 1 つの関数 y にのみ依存しているが，z が 2 つ以上の関数 $y_1, \ldots, y_n$ に依存するような状況を考えることもできる。

[15] 直接計算によって，$z = 90 - 20e^{0.1t}$ から $\dfrac{dz}{dt} = -2e^{0.1t}$ とすることもできる。

演習問題

基本問題

問 1　合成関数の微分法の公式について説明せよ。

問 2　次の関数を合成関数の微分法の公式を用いて微分せよ。

(1) $y = (3x+2)^4$　　(2) $y = (x^4+2)^5$

(3) $y = (\log x)^2$　　(4) $y = e^{4x}$

(5) $y = \sqrt{x^2+1}$　　(6) $y = \log(2x^2+5x+1)$

問 3　次の各関数の微分を求めることで $\dfrac{dz}{dx}$ を求めよ。

(1) $y = x^3 + 2x,\ z = y^2$

(2) $y = 2x^2 + 3x + 1,\ z = y^3 + y^2$

(3) $y = e^x,\ z = \log y$

発展問題

問 4　次の関数を微分せよ。

(1) $y = \left(\dfrac{x^2-1}{x^2+1}\right)^2$　　(2) $y = (x-1)^2\sqrt{x+2}$

(3) $y = x^2(\log x)^3$　　(4) $y = \dfrac{e^x - e^{-x}}{e^x + e^{-x}}$

問 5　$x = a$ で微分可能な関数 $f(x)$ について，次の等式を示せ。

$$\lim_{\Delta x \to 0} \frac{f(a+\Delta x) - f(a-\Delta x)}{\Delta x} = 2f'(a)$$

問 6　次の極限を求めよ。

(1) $\displaystyle\lim_{x\to 0}\frac{\log(1+x)}{x}$　　(2) $\displaystyle\lim_{x\to 0}\frac{e^x-1}{x}$

問 7　$\displaystyle e=\lim_{n\to\infty}\left(1+\frac{1}{n}\right)^n$ であることを用いて，次の極限を求めよ。

(1) $\displaystyle\lim_{n\to\infty}\left(1+\frac{1}{n}\right)^{2n}$　　(2) $\displaystyle\lim_{n\to\infty}\left(1+\frac{1}{2n}\right)^n$

キーワード

写像，関数，合成写像，合成関数，合成関数の微分法，需要関数

アントワーヌ・オーギュスタン・クールノー

アントワーヌ・オーギュスタン・クールノーは，フランスの著名な哲学者，数学者，経済学者である。彼は 1801 年にフランスで生まれた。幼少期から数学に対する才能を示し，学業を終えた後，数学教授や学術機関の監査官など，さまざまな学術的ポジションを務めた。とくに，経済理論への数学的手法の適用における先駆的な業績で知られている。

クールノーは，その生涯を通じて，学問に対する強い情熱をもち続けた。静かで内向的な性格であり，社交的な場よりも学問的な探求に時間を費やすことを好んだ。彼の友人や同僚は，彼の知識欲と分析力の高さを称賛した。また，彼は学生や若い学者たちに対しても寛容で，教育に対する熱意ももち合わせていた。

クールノーの学術的な業績の一つに，需要関数と供給関数の概念をはじめて数学的に定式化したことが挙げられる。彼は価格を総需要量の関数として表す逆需要関数を導入し，市場の動態と均衡のより正確な分析を可能にした。寡占市場における均衡の分析もクールノーの革新的な貢献の一つである。彼は特定の条件下で，各企業が競合他社の生産量を前提に自社の利益を最大化する生産量を決定することで，安定した均衡が達成されることを示した。この分析は，後のゲーム理論の発展を先取りするものであった。

第6章

積分法の考え方

本章では，不定積分の基本的な定義からはじめ，置換積分法や部分積分法などの計算方法について学習する。続いて，定積分を定義した後，上端が変数の定積分や，積分と面積の関係についても説明する。本章では，具体的な計算を実行できるようになることを目標としてほしい。

6.1　不定積分

6.1.1　不定積分について

与えられた関数 $f(x)$ に対して，$F'(x) = f(x)$ となる関数 $F(x)$ を $f(x)$ の**原始関数**または**不定積分**といい，それを $\int f(x)\,dx$ と書く。例えば，$\left(\frac{1}{3}x^3\right)' = x^2$ だから $\frac{1}{3}x^3$ は x^2 の原始関数である。さらに，C を任意の定数として，$\left(\frac{1}{3}x^3 + C\right)' = x^2$ だから $\frac{1}{3}x^3 + C$ は x^2 の原始関数である。実は，x^2 の原始関数は，このような形で表されるものしかない[1)]。このことを

$$\int x^2 dx = \frac{1}{3}x^3 + C$$

と書く。より一般に，$F(x)$ を $f(x)$ の原始関数の 1 つとすると，$\int f(x)\,dx$ は C を任意の定数として，

$$\int f(x)\,dx = F(x) + C$$

と表される。

---

1) （やや専門家向け）これは平均値の定理を使って示される。本書では，平均値の定理について言及しないため，[5] などを参照されたい。

例 6.1

C を任意の定数とすると，

$$\int x^n dx = \frac{x^{n+1}}{n+1} + C \qquad (n \neq -1),$$
$$\int e^x dx = e^x + C,$$
$$\int \frac{1}{x} dx = \log x + C \qquad (x > 0)$$

となる。これらの式の右辺を微分すると，左辺の式の積分の中身が得られることに注意する。

さて，(4.3), (4.4) によれば，

$$(f(x) + g(x))' = f'(x) + g'(x),$$
$$(kf(x))' = kf'(x) \qquad (k \text{ は定数})$$

だったから，これらの式の両辺を積分することによって，次の公式を導くことができる。

$$\int (f(x) + g(x))\, dx = \int f(x)\, dx + \int g(x)\, dx,$$
$$\int kf(x)\, dx = k \int f(x)\, dx \qquad (k \text{ は定数})$$

6.1.2　置換積分法

置換積分法は，積分を簡単に解くために変数をおきかえる手法である。これにより，もとの積分をより簡単な形に変形して計算することができることがある[2)]。ここではまず，積分

$$\int (2x+1)^3\, dx \tag{6.1}$$

2) 以下で説明する置換積分法によって，求めたい原始関数が本当に正しく計算できるかについての議論は割愛し，計算方法についての説明のみを述べることにする。本書では詳しく説明しないが，置換積分法によって求めたい原始関数が正しく計算できることは，合成関数の微分法によって示される。

を $(2x+1)^3$ を展開せずに計算することを考えよう。

まず，$t=2x+1$ とおく。このとき，両辺を x で微分すると $\dfrac{dt}{dx}=2$ となることに注意すると，$dx=\dfrac{1}{2}\,dt$ となる[3)]。よって，求める積分を t を用いて書き直すと，

$$\int (2x+1)^3\,dx = \int t^3\cdot\frac{1}{2}\,dt = \frac{1}{2}\int t^3\,dt$$

となる。ここで，C を積分定数とすると $\displaystyle\int t^3\,dt=\frac{t^4}{4}+C$ だから，

$$\int (2x+1)^3\,dx = \frac{1}{2}\cdot\left(\frac{t^4}{4}+C\right) = \frac{(2x+1)^4}{8}+\frac{C}{2}$$

となる。よって，$\dfrac{C}{2}$ を改めて積分定数 C としておき直すと[4)]，

$$\int (2x+1)^3\,dx = \frac{(2x+1)^4}{8}+C$$

が得られる。

以上の計算過程を要約すると，一般的な置換積分の手順は，以下の通りである。

1. 積分したい関数の一部を $t=f(x)$ とおく[5)]。
2. $t=f(x)$ の両辺を x で微分し，その式を変形することによって，dx を求める[6)]。
3. 求めたい積分の式に $t=f(x)$ や，2 で求めた dx を代入する[7)]。
4. 新しくできた積分の積分計算を実行する[8)]。

---

3) $\dfrac{dt}{dx}=2$ の左辺は導関数を表す記号であり，これを形式的に $dx=\dfrac{1}{2}\,dt$ と書く。

4) 不定積分の計算において，積分定数を取り替えてもよいのは，任意の定数をたしても関数を微分した結果が同じになるからである。この説明がよくわからない読者は，不定積分の定義をもう一度確認されたい。

5) (6.1) の場合は，$t=2x+1$ とおいた。すなわち，$f(x)=2x+1$ である。

6) (6.1) の場合は，$\dfrac{dt}{dx}=2$ となり，$dx=\dfrac{1}{2}\,dt$ となった。

7) (6.1) の場合は，$\displaystyle\int (2x+1)^3\,dx$ に，$t=2x+1$ や $dx=\dfrac{1}{2}\,dt$ を代入した。

8) (6.1) の場合は，$\displaystyle\frac{1}{2}\int t^3\,dt=\frac{1}{2}\cdot\left(\frac{t^4}{4}+C\right)$ を計算した。

5. 変数をもとの変数に戻す[9)]。

なお，上記の手順はあくまで一般的なものであり，状況によっては微修正を加えることもある。別の例も見てみよう。

例 6.2

不定積分

$$\int x\sqrt{x^2+1}\,dx$$

を計算しよう。まず，$t = x^2 + 1$ とおく。両辺を x で微分すると $\dfrac{dt}{dx} = 2x$ となり，これを変形して $dx = \dfrac{1}{2x}\,dt$ を得る。これを求める積分に代入すると，積分定数を C として，

$$\begin{aligned}\int x\sqrt{x^2+1}\,dx &= \int x\sqrt{t}\cdot\frac{1}{2x}\,dt = \frac{1}{2}\int t^{\frac{1}{2}}\,dt \\ &= \frac{1}{2}\cdot\left(\frac{2}{3}t^{\frac{3}{2}} + C\right) = \frac{1}{3}t^{\frac{3}{2}} + \frac{1}{2}C\end{aligned}$$

となる。$\dfrac{1}{2}C$ を新たに C とおきかえ，さらに変数 t をもとの変数 x に戻すと，

$$\int x\sqrt{x^2+1}\,dx = \frac{1}{3}(x^2+1)^{\frac{3}{2}} + C$$

となる。

6.1.3　部分積分法

本小節では，2つの関数 x と e^x の積で表される関数の不定積分 $\displaystyle\int xe^x\,dx$ を求める方法について考えよう。まず，これまでに扱った関数の積の微分に関する公式から，

$$(f(x)g(x))' = f'(x)g(x) + f(x)g'(x)$$

となることを思い出す。この両辺を積分して，**部分積分法**の公式とよばれる次

---

9) (6.1) の場合は，4で求めた結果に $t = 2x + 1$ を代入し，積分定数をおきかえた。

の式が得られる。

$$\int f'(x)g(x)\,dx = f(x)g(x) - \int f(x)g'(x)\,dx \tag{6.2}$$

さて，この公式を用いて，不定積分

$$\int xe^x\,dx$$

を計算しよう。まず，$f(x) = e^x$, $g(x) = x$ とすると，$f'(x) = e^x$, $g'(x) = 1$ だから，C を積分定数として，

$$\begin{aligned}\int xe^x\,dx &= \int f'(x)g(x)\,dx = f(x)g(x) - \int f(x)g'(x)\,dx \\ &= xe^x - \int e^x\,dx = xe^x - e^x + C\end{aligned}$$

となる。別の例も見ておこう。

例 6.3

不定積分

$$\int \log x\,dx$$

を計算しよう。まず，$\displaystyle\int \log x\,dx = \int 1\cdot\log x\,dx$ とみなせることに注意する。$f(x) = x$, $g(x) = \log x$ とする。このとき，$f'(x) = 1$, $g'(x) = \dfrac{1}{x}$ となることに注意すると，(6.2) より C を積分定数として，

$$\begin{aligned}\int \log x\,dx &= \int 1\cdot\log x\,dx \\ &= \int f'(x)g(x)\,dx = f(x)g(x) - \int f(x)g'(x)\,dx \\ &= x\log x - \int 1\,dx = x\log x - x + C\end{aligned}$$

となる。

6.2　定積分

6.2.1　定積分について

関数 $f(x)=2x$ の任意の原始関数 $F(x)$ は，C を任意の定数として，

$$F(x)=x^2+C$$

と書かれる。ここで，任意の実数 a と b に対して，$F(b)-F(a)$ の値は，

$$F(b)-F(a)=(b^2+C)-(a^2+C)=b^2-a^2$$

となり，C に依存しないことに注意しよう。

一般に，関数 $f(x)$ の原始関数の 1 つを $F(x)$ とし，a, b をこの関数の任意の定義域内の値とすると，$F(b)-F(a)$ の値は原始関数の選び方によらず，a と b によってのみ決まる。この $F(b)-F(a)$ を関数 $f(x)$ の a から b までの定積分といい，$\displaystyle\int_a^b f(x)\,dx$ と書く。まとめると，定積分は次のように定義できる。

定義 6.4　定積分

関数 $f(x)$ の原始関数の 1 つを $F(x)$ とし，a, b を実数とする。このとき，関数 $f(x)$ の**定積分** $\displaystyle\int_a^b f(x)\,dx$ を以下で定義する。

$$\int_a^b f(x)\,dx=F(b)-F(a)$$

この $F(b)-F(a)$ を $\Big[F(x)\Big]_a^b$ と書く。また，定積分 $\displaystyle\int_a^b f(x)\,dx$ において，a を**下端**，b を**上端**という。また，関数 $f(x)$ の定積分を求めることを関数 $f(x)$ を a から b まで**積分**するという[10)]。

[10)] a と b の大小関係は，$a>b,\ a=b,\ b<a$ のいずれでもよい。

例 6.5

定積分の計算はそれぞれ次のようになる。

$$\int_1^2 x^3\,dx = \left[\frac{x^4}{4}\right]_1^2 = \frac{15}{4},$$
$$\int_1^2 e^x\,dx = \Big[e^x\Big]_1^2 = e^2 - e,$$
$$\int_1^2 \frac{1}{x}\,dx = \Big[\log x\Big]_1^2 = \log 2$$

本小節の最後に，定積分における基本的な性質をまとめておこう。a, b, c を実数とし，$f(x)$ を関数とする。このとき，定積分には次のような性質がある。

$$\int_a^a f(x)\,dx = 0,$$
$$\int_a^c f(x)\,dx + \int_c^b f(x)\,dx = \int_a^b f(x)\,dx,$$
$$\int_a^b f(x)\,dx = -\int_b^a f(x)\,dx$$

6.2.2 上端が変数の定積分

前小節では，上端と下端が定数の定積分について学習した。本小節では，**上端が変数の定積分**について考えよう。関数 $f(t)$ の原始関数の 1 つを $F(t)$ とすると，

$$\int_a^x f(t)\,dt = F(x) - F(a)$$

であり，定積分 $\displaystyle\int_a^x f(t)\,dt$ は x の関数である。また，この式の両辺を x で微分すると，

$$\frac{d}{dx}\int_a^x f(t)\,dt = f(x)$$

となる[11]。したがって，関数 $\int_a^x f(t)\,dt$ は $f(x)$ の原始関数であり，$\int_a^x f(t)\,dt$ の導関数は $f(x)$ である。まとめると，次のことが成り立つ。

定理 6.6

$$\frac{d}{dx}\int_a^x f(t)\,dt = f(x) \qquad (a\text{ は定数})$$

例 6.7

関数 $f(t) = t^2$ を考える。この関数の a から x までの積分は次のようになる。

$$\int_a^x t^2\,dt = \frac{1}{3}x^3 - \frac{1}{3}a^3$$

この積分の計算結果を x で微分すると，

$$\frac{d}{dx}\left(\frac{1}{3}x^3 - \frac{1}{3}a^3\right) = x^2$$

となり，確かに定理6.6が成り立っていることが確認できる。

6.2.3　定積分と面積

定積分は図形の**面積**とも関係がある。経済学では，例えば，需要曲線と供給曲線の交点までの面積を積分により計算し，**消費者余剰**や**生産者余剰**（演習問題の問9）などを考えることがある。本小節では，定積分と面積の関係について述べる。

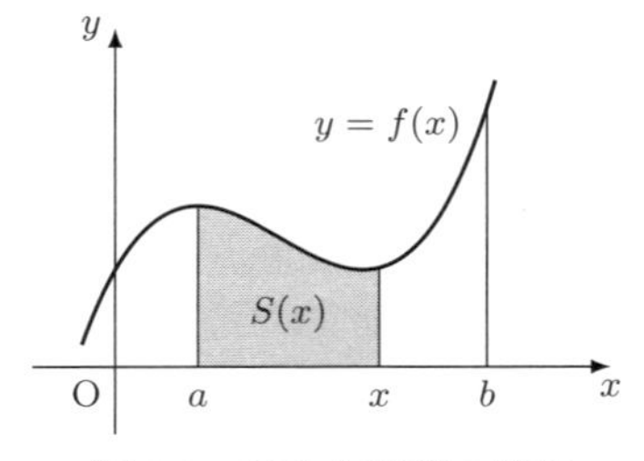

図 6.1　積分と面積の関係

図6.1のように，$a \leq x \leq b$ で非負である関数 $f(x)$ を考えよう。このとき，関数 $f(x)$ のグラフと x 軸の間の部分のうち，x 座標が a から x までの部分の

---

11) 右辺は $\dfrac{d}{dx}(F(x) - F(a)) = F'(x) = f(x)$ と計算した。

面積を $S(x)$ とする。このとき，重要な事実として次が成り立つ。

命題 6.8

図 6.1 において，$S'(x) = f(x)$ が成り立つ。

証明 まず，

$$S'(x) = \lim_{\Delta x \to 0} \frac{S(x + \Delta x) - S(x)}{\Delta x} \tag{6.3}$$

であることに注意する。

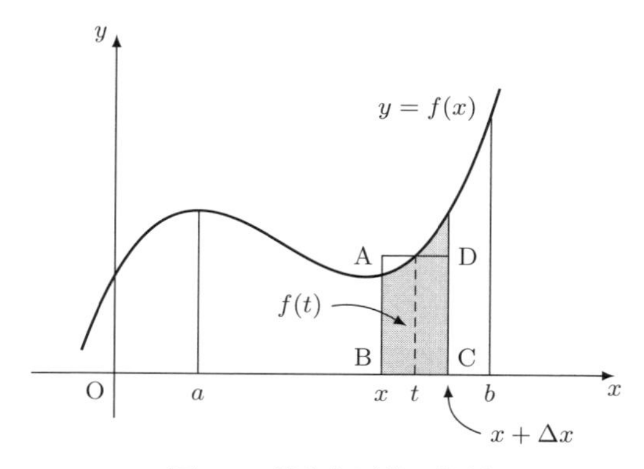

図 6.2 積分と面積の関係

(6.3) の右辺にある $S(x + \Delta x) - S(x)$ は，$\Delta x > 0$ のとき図 6.2 の影の部分に対応する。この面積は，Δx が十分小さいとき，長方形 ABCD の面積で近似できるため，$S(x + \Delta x) - S(x) \approx f(t)\Delta x$ となる。したがって，

$$\frac{S(x + \Delta x) - S(x)}{\Delta x} \approx f(t)$$

となるから，$\Delta x \to 0$ のとき $t \to x$ となることを考慮すると，

$$\lim_{\Delta x \to 0} \frac{S(x + \Delta x) - S(x)}{\Delta x} = f(x)$$

が成り立つ。 ■

命題 6.8 より，$F(x)$ を $f(x)$ の原始関数の 1 つとすると，ある積分定数 C を用いて，

$$S(x) = F(x) + C \tag{6.4}$$

と表せる。(6.4) において $x = a$ とすると，$S(x)$ の定義から $S(a) = 0$ となる。したがって，$F(a) + C = 0$ より $C = -F(a)$ だから，これを (6.4) に代入すると，

$$S(x) = F(x) - F(a)$$

となる。とくに，$x = b$ のとき，

$$S(b) = F(b) - F(a) = \int_a^b f(x)\,dx$$

となる。よって，関数 $y = f(x)$ について，次のことが成り立つ。

定理 6.9

$a \leq x \leq b$ において $f(x) \geq 0$ のとき，曲線 $y = f(x)$，x 軸，および直線 $x = a$, $x = b$ で囲まれた図形の面積 S は，

$$S = \int_a^b f(x)\,dx$$

となる。

例 6.10

放物線 $y = x^2 + 2$，x 軸，および直線 $x = 1$, $x = 2$ で囲まれた図形の面積 S を積分を用いて表すと，

$$S = \int_1^2 (x^2 + 2)\,dx$$

となる。これを計算すると，

$$\begin{aligned} S &= \left[\frac{x^3}{3} + 2x\right]_1^2 \\ &= \left(\frac{8}{3} + 4\right) - \left(\frac{1}{3} + 2\right) = \frac{13}{3} \end{aligned}$$

を得る。

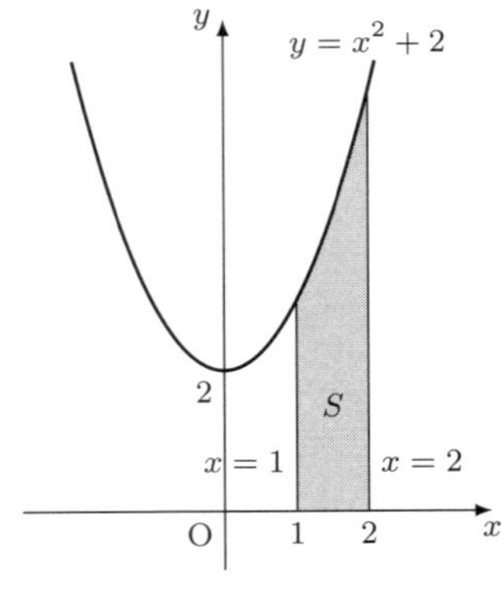

図 6.3　図形の面積 S

6.2.4 置換積分法と部分積分法

不定積分の置換積分法と部分積分法と同様の計算が，定積分でも実行できる。本小節で具体例を交えながら解説しよう。

次の定積分を計算することを考える。

$$\int_0^1 e^{2x}\,dx$$

まず，$t=2x$ とおく。このとき，$\dfrac{dt}{dx}=2$ となることに注意すると，$dx=\dfrac{1}{2}\,dt$ となる[12)]。また，もとの積分は，変数 x は 0 から 1 の範囲を動いたが，$t=2x$ とおいた場合には，変数 t は 0 から 2 の範囲を動くことに注意すると，

$$\int_0^1 e^{2x}\,dx=\int_0^2 \frac{1}{2}e^t\,dt=\frac{1}{2}\Big[e^t\Big]_0^2=\frac{1}{2}(e^2-1)$$

となる。

別の例も挙げておこう。

例 6.11

次の定積分を考えよう。

$$\int_0^2 xe^{x^2}\,dx$$

$t=x^2$ とおくと，$\dfrac{dt}{dx}=2x$ であり，$x\,dx=\dfrac{1}{2}\,dt$ である。もとの積分は，変数 x が 0 から 2 の範囲を動いたが，$t=x^2$ とおいた場合には，変数 t は 0 から 4 の範囲を動くことに注意すると，

$$\int_0^2 xe^{x^2}\,dx=\int_0^4 \frac{1}{2}e^t\,dt=\frac{1}{2}\Big[e^t\Big]_0^4=\frac{1}{2}(e^4-1)$$

となる[13)]。

---

12) 次の方法で計算しても問題がないことがわかる読者は，そのようにしてもよい。$t=2x$ より，左辺を t で微分した結果に dt をつけたもの (dt) と，右辺を x で微分した結果に dx をつけたもの $(2\,dx)$ を考えて $dt=2\,dx$，すなわち，$dx=\dfrac{1}{2}\,dt$ が得られる。

さて，定積分における部分積分法について説明しよう。具体的に，次の定積分を求めよう。

$$\int_1^e x\log x\,dx$$

$f(x)=\dfrac{x^2}{2}$, $g(x)=\log x$ とおくと，$f'(x)=x$, $g'(x)=\dfrac{1}{x}$ だから (6.2) より，

$$\begin{aligned}\int_1^e x\log x\,dx &= \int_1^e f'(x)g(x)\,dx = \Big[f(x)g(x)\Big]_1^e - \int_1^e f(x)g'(x)\,dx \\ &= \frac{1}{2}\Big[x^2\log x\Big]_1^e - \frac{1}{2}\int_1^e x\,dx \\ &= \frac{1}{2}(e^2\log e - \log 1) - \frac{1}{4}\Big[x^2\Big]_1^e = \frac{1}{4}e^2 + \frac{1}{4}\end{aligned}$$

となる。

13) $\left(\dfrac{1}{2}e^{x^2}\right)' = xe^{x^2}$ がすぐにわかる読者は，$\displaystyle\int_0^2 xe^{x^2}\,dx = \left[\frac{1}{2}e^{x^2}\right]_0^2 = \frac{1}{2}(e^4-1)$ として求めてもよい。

演習問題

基本問題

問 1　積分定数を C として，次の不定積分を求めよ。

(1) $\displaystyle\int (3x^2+x+1)\,dx$　　(2) $\displaystyle\int (x^{\frac{3}{2}}+1)\,dx$

(3) $\displaystyle\int (2x+1)^4\,dx$　　(4) $\displaystyle\int x\sqrt{x^2-1}\,dx$

(5) $\displaystyle\int x^2 e^x\,dx$　　(6) $\displaystyle\int x^2\log x\,dx$

問 2　次の定積分を求めよ。

(1) $\displaystyle\int_0^2 e^x\,dx$　　(2) $\displaystyle\int_0^1 e^{\frac{x}{3}+2}\,dx$

(3) $\displaystyle\int_1^3 \frac{1}{x^2}\,dx$　　(4) $\displaystyle\int_1^5 \frac{1}{x}\,dx$

問 3　$\displaystyle\frac{d}{dx}\int_1^x (t^2+t+1)\,dt$ を計算せよ。

問 4　放物線 $y=2x^2+1$，x 軸，および直線 $x=-1$, $x=3$ で囲まれた図形の面積 S を求めよ。

発展問題

問 5　積分定数を C として，次の不定積分を求めよ。

(1) $\displaystyle\int x\log(x^2+1)\,dx$　　(2) $\displaystyle\int (x+1)\log x\,dx$

問 6　次の定積分を求めよ。

(1) $\displaystyle\int_0^2 e^x\sqrt{e^x+1}\,dx$　　(2) $\displaystyle\int_0^1 x^2 e^{x^3}\,dx$

問7　a は正の定数とする。$x>0$ で定義された関数 $f(x)$ が，等式

$$\int_a^{x^2} f(t)\,dt = \log x$$

を満たすように，$f(x)$ と a の値を求めよ。

問8　曲線 $y=e^x$ 上の2点 A$(0,1)$, B$(1,e)$ におけるそれぞれの接線と，この曲線で囲まれた部分の面積 S を求めよ。

問9　需要曲線と供給曲線の交点の p 座標を**均衡価格**とよぶ。**消費者余剰**は，需要曲線と均衡価格を表す直線および p 軸で囲まれる部分の面積として定義される。また，**生産者余剰**は，供給曲線と均衡価格を表す直線および p 軸で囲まれる部分の面積として定義される。

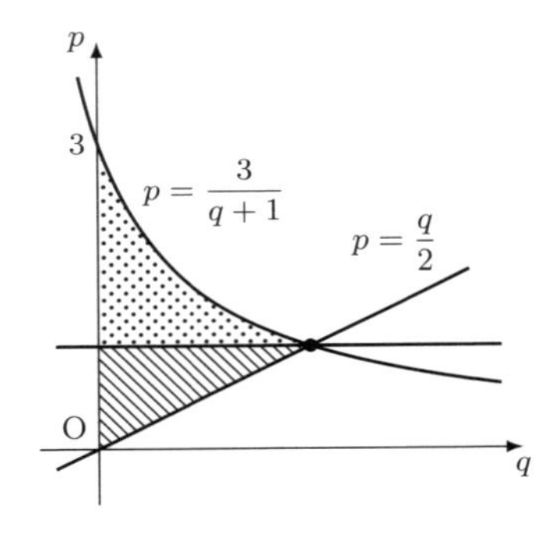

いま，需要曲線と供給曲線がそれぞれ

$$p=\frac{3}{q+1},\quad p=\frac{q}{2}$$

で表されるとき，消費者余剰と生産者余剰を求めよ。

キーワード

不定積分，定積分，置換積分法，部分積分法，上端が変数の定積分，定積分と面積

第7章

2変数関数の微分法

本章では，偏微分法について学習する。偏微分とは，多変数関数の中で1つの変数に着目し，他の変数を一定値に固定したまま，その変数についてだけ微分を行う操作を指す。偏微分法に関しても，微分法で学習したさまざまな公式が成り立つため，それらについても説明する。後半では，2.2節で取り上げたコブ・ダグラス型生産関数を再び取り上げ，上記の文脈に即した応用例について述べる。

7.1 偏微分

7.1.1 偏微分の定義

W, Z を集合とする。写像 $f : W \longrightarrow Z$ とは，集合 W の各要素 w を集合 Z の要素 z に対応させるものであった。本章では，写像の定義域 W が $\mathbb{R}^2$ の部分集合，終域 Z が $\mathbb{R}$ の場合を考えよう。ここで，$\mathbb{R}^2 = \{(x, y) \mid x,\, y \in \mathbb{R}\}$ である。このとき，この写像 f を**2変数関数**といい，$z = f(x, y)$ と書く[1)]。

$$\begin{aligned} f:\ W &\longrightarrow Z \\ w = (x, y) &\longmapsto z \end{aligned}$$

ここで定義した2変数関数 $z = f(x, y)$ について考えよう。$y = b$ の値を一定に保ったまま，x の値が a から $a + \Delta x$ に変化したとする。このとき，$f(x, y)$ の値は $f(a, b)$ から $f(a + \Delta x,\, b)$ に変化する。ここで，x 軸方向の変化量と z 軸方向の変化量との比

$$\frac{f(a + \Delta x,\, b) - f(a, b)}{(a + \Delta x) - a}$$

の $\Delta x \to 0$ の極限，すなわち，

1) ここで述べた定義を正確に読み解くと，$f(x, y)$ は $f((x, y))$ と書くべきである。しかしながら，(　) が煩雑であるため $f(x, y)$ と略記する。

$$\lim_{\Delta x \to 0} \frac{f(a+\Delta x,\, b) - f(a,b)}{\Delta x}$$

が存在するとき，$f(x,y)$ は点 (a,b) において，x について偏微分可能であるという。また，その極限値を $f_x(a,b)$ または $\left.\dfrac{\partial z}{\partial x}\right|_{(x,y)=(a,b)}$ と表し，$z=f(x,y)$ の x についての偏微分係数という[2)]。同様に，$z=f(x,y)$ の y についての偏微分係数も定義することができる。まとめると次のようになる。

定義 7.1　偏微分係数

2変数関数 $f(x,y)$ に対し，

$$\lim_{\Delta x \to 0} \frac{f(a+\Delta x,\, b) - f(a,b)}{\Delta x}$$

がある値に収束するとき，これを $f_x(a,b)$ と表し，関数 $f(x,y)$ の点 (a,b) における x の**偏微分係数**という。また，このとき，関数 $f(x,y)$ は点 (a,b) で x について**偏微分可能**であるという。同様に，

$$\lim_{\Delta y \to 0} \frac{f(a,\, b+\Delta y) - f(a,b)}{\Delta y}$$

がある値に収束するとき，これを $f_y(a,b)$ と表し，関数 $f(x,y)$ の点 (a,b) における y の偏微分係数という。また，このとき，関数 $f(x,y)$ は点 (a,b) で y について偏微分可能であるという。

ここでは $a,\, b$ を定数として，$(x,y)=(a,b)$ における偏微分係数を考えた。次に，一般の点 (x,y) における偏微分について，次のように定義する。

定義 7.2　偏導関数

2変数関数 $f(x,y)$ がある領域のすべての (x,y) の値で x について偏微分

2) 偏微分係数は1変数の場合の微分係数と似ているが，d の代わりに ∂（「パーシャル」，「ラウンド」，「デル」などと読む）を使う。$f_x(a,b)$ や $\left.\dfrac{\partial z}{\partial x}\right|_{(x,y)=(a,b)}$ を $z_x(a,b)$ や $\left.\dfrac{\partial f}{\partial x}\right|_{(x,y)=(a,b)}$ などと書くこともある。

可能なとき，$f(x,y)$ はその領域で x について**偏微分可能**であるという。また，$f(x,y)$ がある領域で x について偏微分可能であるとき，その領域の各点 (a,b) に対して偏微分係数 $f_x(a,b)$ を対応させると，1つの新しい関数が得られる。この関数を $f(x,y)$ の**偏導関数**といい，$f_x(x,y)$ で表す。すなわち，

$$f_x(x,y) = \lim_{\Delta x \to 0} \frac{f(x+\Delta x,\ y) - f(x,y)}{\Delta x}$$

で定義される関数 $f_x(x,y)$ を $f(x,y)$ の偏導関数という。また，$f(x,y)$ の x の偏導関数を求めることを $f(x,y)$ を x で**偏微分**するという。

注 関数 $z = f(x,y)$ の導関数を表すのに，$f_x(x,y)$ の他に，z_x, $\dfrac{\partial z}{\partial x}$, $\dfrac{\partial f}{\partial x}$, $\dfrac{\partial}{\partial x}f(x,y)$ という記号もよく使われる。y についても同様である。

実際の計算では，1つの変数に焦点をあて，その変数についてだけ微分を行えばよい。次の例で確認しよう。

例 7.3

関数 $f(x,y) = x^2 + xy + y^2$ を考える。

- x についての偏微分：$\dfrac{\partial z}{\partial x} = 2x + y$
- y についての偏微分：$\dfrac{\partial z}{\partial y} = x + 2y$

計算結果を見るとわかるように，関数 $f(x,y) = x^2 + xy + y^2$ の x に対する偏微分は $2x+y$，y に対する偏微分は $x+2y$ となる。これらの偏微分は，関数 $f(x,y)$ の x 方向と y 方向での変化率をそれぞれ表している。このように，偏微分を用いることで，2変数関数の特定の方向での変化を調べることができる。

7.1.2 合成関数の偏微分法

2変数関数 $z = f(x,y)$ において，変数 x, y がともに変数 t の関数である

とき，

$$x = x(t), \quad y = y(t)$$

と書く。このとき，

$$z = f(x, y) = f(x(t), y(t))$$

だから，$z = f(x, y)$ は t の関数と考えられる。そこで，$z = f(x, y)$ を t について微分することを考えてみよう。まず，t が $t + \Delta t$ に変わったとする。このときの x の値は $x(t)$ から $x(t + \Delta t)$ に変わるから，その変化量を Δx とおくと，

$$x(t + \Delta t) = x(t) + \Delta x$$

である[3)]。同様に，y の変化量を Δy とすると，

$$y(t + \Delta t) = y(t) + \Delta y$$

となる。

ここで，x が $x(t)$ から $x(t) + \Delta x$ に変わり，y が $y(t)$ から $y(t) + \Delta y$ に変わったとしよう。このとき，$f(x, y)$ は，

$$f(x + \Delta x, y + \Delta y)$$

に変化する。この z の変化量を Δz とおく。

$$\Delta z = f(x + \Delta x, y + \Delta y) - f(x, y)$$

この Δz を次のように書きかえる。

$$\begin{aligned}\Delta z &= f(x + \Delta x, y + \Delta y) - f(x, y) \\ &= \{f(x + \Delta x, y + \Delta y) - f(x, y + \Delta y)\} + \{f(x, y + \Delta y) - f(x, y)\} \\ &= \frac{f(x + \Delta x, y + \Delta y) - f(x, y + \Delta y)}{\Delta t}\Delta t + \frac{f(x, y + \Delta y) - f(x, y)}{\Delta t}\Delta t\end{aligned}$$

よって，

$$\frac{\Delta z}{\Delta t} = \frac{f(x + \Delta x, y + \Delta y) - f(x, y + \Delta y)}{\Delta t} + \frac{f(x, y + \Delta y) - f(x, y)}{\Delta t}$$

---

3) 変化量は Δx であり，実際に x は $x(t)$ から $x(t + \Delta t)$ に変化したので，変化量は $\Delta x = x(t + \Delta t) - x(t)$ となる。この式を変形したものが $x(t + \Delta t) = x(t) + \Delta x$ と考えてもよい。

$$= \frac{f(x+\Delta x,\, y+\Delta y) - f(x,\, y+\Delta y)}{\Delta x}\frac{\Delta x}{\Delta t} + \frac{f(x,\, y+\Delta y) - f(x,y)}{\Delta y}\frac{\Delta y}{\Delta t}$$

ここで，$\Delta t \to 0$ とすると，

$$\frac{\Delta x}{\Delta t} \to \frac{dx}{dt}{}^{4)}, \quad \frac{\Delta y}{\Delta t} \to \frac{dy}{dt}, \quad \frac{\Delta z}{\Delta t} \to \frac{dz}{dt}$$

および，

$$\frac{f(x+\Delta x,\, y+\Delta y) - f(x,\, y+\Delta y)}{\Delta x} \to \frac{\partial z}{\partial x}, \tag{7.1}$$

$$\frac{f(x,\, y+\Delta y) - f(x,y)}{\Delta y} \to \frac{\partial z}{\partial y} \tag{7.2}$$

となる[5)6)]。よって，以上から，**合成関数の偏微分法**の公式

$$\frac{dz}{dt} = \frac{\partial z}{\partial x}\frac{dx}{dt} + \frac{\partial z}{\partial y}\frac{dy}{dt} \tag{7.3}$$

が得られる。これを**連鎖律**ともいう。

例 7.4

$z = x^2 + xy + y^2$, $x = t^3$, $y = t^2 + 5$ とする。このとき，

$$\frac{\partial z}{\partial x} = 2x + y, \quad \frac{\partial z}{\partial y} = 2y + x, \quad \frac{dx}{dt} = 3t^2, \quad \frac{dy}{dt} = 2t$$

よって，(7.3) より次のようになる。

---

4) Δt が 0 に近づくとき $\frac{\Delta x}{\Delta t}$ が $\frac{dx}{dt}$ に等しくなるのは，Δt が非常に小さいときの変化率 $\frac{\Delta x}{\Delta t}$ が，瞬間的な変化率（すなわち，x の t に対する微小変化（微分））$\frac{dx}{dt}$ に近づくからである。

5) 変数 x, y, z は t を決めれば値が定まるため t の関数だから，これらの変数を t で微分する際には，$\frac{dx}{dt}$, $\frac{dy}{dt}$, $\frac{dz}{dt}$ のように書く。また，z は x と y の片方ではなく，両方を決めなければ値が定まらないため，x または y で偏微分したものを表す際には，$\frac{\partial z}{\partial x}$ や $\frac{\partial z}{\partial y}$ のように書く。

6) （専門家向け）(7.1) が成り立つには，$f(x, y)$ が偏微分可能であるという条件だけでは不十分で，例えば，全微分可能であれば成立する。全微分に関しては [5] を見よ。

$$\begin{aligned}\frac{dz}{dt} &= \frac{\partial z}{\partial x}\frac{dx}{dt} + \frac{\partial z}{\partial y}\frac{dy}{dt} \\ &= (2x+y)\cdot 3t^2 + (2y+x)\cdot 2t \\ &= \{2t^3 + (t^2+5)\}\cdot 3t^2 + \{2(t^2+5)+t^3\}\cdot 2t \\ &= 6t^5 + 5t^4 + 4t^3 + 15t^2 + 20t\end{aligned}$$

7.2　経済学における偏微分

7.2.1　コブ・ダグラス型生産関数

2.2節で扱ったように，経済学において生産関数は，労働や資本といった投入要素と財やサービスの生産量との関係を表すものであり，最も広く使用されている生産関数の一つに，**コブ・ダグラス型生産関数**があった。7.2節では，この生産関数を少し一般化した次の関数を考えよう。

$$F(K,L) = AK^{\alpha}L^{\beta} \tag{7.4}$$

ここで，$F(K,L)$ は**生産量**，K は**資本投入量**，L は**労働投入量**を表す変数であるとし，A は全要素の生産性を表す正の定数であるとする。また，α, β は $0<\alpha<1,\ 0<\beta<1$ を満たす定数であり，生産量が資本と労働の変化に対してどの程度敏感であるかを表す。また，それらの和 $\alpha+\beta$ は生産関数の規模に対する収穫を表す。2.2節では $\alpha+\beta=1$ の場合を扱った。

7.2.2　資本と労働の限界生産力

資本と労働の限界生産力を定義するためには，コブ・ダグラス型生産関数(7.4)の K および L に関する偏微分を計算する必要がある。まず，**資本の限界生産力**を定義し，次いで，**労働の限界生産力**を定義しよう。

以降では，$F=F(K,L)$ とする。資本の限界生産力は，労働を一定とした場合に資本をわずかに増加させたときの追加生産量である。これは $F(K,L)$ の K に関する偏微分で与えられる。

$$\frac{\partial F}{\partial K} = \frac{\partial}{\partial K}(AK^{\alpha}L^{\beta}) = \alpha AK^{\alpha-1}L^{\beta}$$

この式は，資本の限界生産力が現在の労働および資本の水準，ならびに α に依存することを表している。

同様に，労働の限界生産力は，資本を一定とした場合に労働をわずかに増加させたときの追加生産量である。これは $F(K,L)$ の L に関する偏微分で与えられる。

$$\frac{\partial F}{\partial L} = \frac{\partial}{\partial L}(AK^{\alpha}L^{\beta}) = \beta AK^{\alpha}L^{\beta-1}$$

この式は，労働の限界生産力が現在の労働および資本の水準，ならびに β に依存することを表している。

7.2.3　連鎖律の応用

前節で見たように，連鎖律は合成関数の微分に関する基本的な公式であり，とくに，変数がさらに別の変数に依存する場合に有用である。ここでは，コブ・ダグラス型生産関数の文脈で，資本 K と労働 L に依存する生産量 $F(K,L)$ が，$K=K(t)$, $L=L(t)$ のように時間 t に依存する場合の連鎖律の応用について考察する。

連鎖律は，ある変数の変化が合成関数の微分全体にどのように寄与するかを表すのであった。具体的には (7.3) にあるように，z が変数 x と y の関数であり，x と y が変数 t の関数であるとすると，z の t に関する微分は次のように表される。

$$\frac{dz}{dt} = \frac{\partial z}{\partial x}\frac{dx}{dt} + \frac{\partial z}{\partial y}\frac{dy}{dt}$$

これをもとに，時間 t の変動が生産量に与える影響について考えよう。まず，$F(K,L)$ の K と L に関する偏微分を求めると，次のようになる。

$$\begin{aligned}\frac{\partial F}{\partial K} &= \alpha AK^{\alpha-1}L^{\beta}, \\ \frac{\partial F}{\partial L} &= \beta AK^{\alpha}L^{\beta-1}\end{aligned} \tag{7.5}$$

そして，連鎖律を用いて F の t に関する微分を求めると，

$$\frac{dF}{dt} = \frac{\partial F}{\partial K}\frac{dK}{dt} + \frac{\partial F}{\partial L}\frac{dL}{dt}$$

を得る。この式に (7.5) を代入すると，

$$\frac{dF}{dt} = \alpha AK^{\alpha-1}L^{\beta} \cdot \frac{dK}{dt} + \beta AK^{\alpha}L^{\beta-1} \cdot \frac{dL}{dt}$$

となる。

この式は，労働と資本の時間的変動が生産量の時間的変動にどのように寄与するかを表している。具体的には，資本 K の時間に対する変化率 $\frac{dK}{dt}$ と，労働 L の時間に対する変化率 $\frac{dL}{dt}$ が，生産量 F の時間に対する変化率にどのように影響するかを表している。

演習問題

基本問題

問 1　2 変数関数 $f(x,y)$ 上の点 (a,b) における x の偏微分係数とは何か答えよ。

問 2　次の関数を x, y それぞれについて偏微分せよ。

(1) $f(x,y)=2x^2y$　　(2) $f(x,y)=3x^2y^2+2xy^2$

(3) $f(x,y)=e^{xy}$　　(4) $f(x,y)=\log(x^2+y^2)$

(5) $f(x,y)=\sqrt{x^2+y^2}$　　(6) $f(x,y)=\dfrac{1}{x^2+y^2}$

問 3　次の関数 $f(x,y)$ を x, y それぞれについて偏微分し，それを用いて $f(x,y)$ の t での微分を計算せよ。

(1) $f(x,y)=x^2y,\quad x=t^2+1,\quad y=-t$

(2) $f(x,y)=xy^2+y,\quad x=t-2,\quad y=t^2+1$

(3) $f(x,y)=x^3y^2,\quad x=t+1,\quad y=-t^3$

発展問題

問 4　2 変数関数 $z=f(x,y)$ の偏導関数 $\dfrac{\partial z}{\partial x}$, $\dfrac{\partial z}{\partial y}$ が，さらに偏微分可能であるとき，

$$\frac{\partial}{\partial x}\left(\frac{\partial z}{\partial x}\right),\quad \frac{\partial}{\partial y}\left(\frac{\partial z}{\partial x}\right),\quad \frac{\partial}{\partial x}\left(\frac{\partial z}{\partial y}\right),\quad \frac{\partial}{\partial y}\left(\frac{\partial z}{\partial y}\right)$$

を **2 階偏導関数**という。次の $f(x,y)$ に対して，2 階偏導関数を求めよ。

(1) $f(x,y)=(x^2+y^2-1)^2$　　(2) $f(x,y)=\sqrt{x^2+y^2}$

問 5　2 変数関数 $z=\log(x^2+y^2)$ について，次の等式を示せ。

$$\frac{\partial}{\partial x}\left(\frac{\partial z}{\partial x}\right)+\frac{\partial}{\partial y}\left(\frac{\partial z}{\partial y}\right)=0$$

問6　コブ・ダグラス型生産関数 $F(K,L)=2K^{\frac{2}{3}}L^{\frac{1}{3}}$ を考える。

(1) 資本の限界生産を表す $F(K,L)$ の K に関する偏微分を求めよ。

(2) 労働の限界生産を表す $F(K,L)$ の L に関する偏微分を求めよ。

問7　$u(x,y)$ が消費者の効用関数を表すとする。ただし，x と y は消費される2つの商品の数量であり，$u(x,y)=x^{0.4}y^{0.6}$ である。

(1) $u(x,y)$ の x に関する偏微分を求めよ。

(2) $u(x,y)$ の y に関する偏微分を求めよ。

注　経済学で**効用**とは，消費者が商品やサービスなどを消費することによって得られる満足の度合いを指し，**効用関数**とは効用を数値におきかえる関数をいう。

キーワード

2変数関数，偏微分可能，偏微分係数，偏導関数，合成関数の偏微分法（連鎖律），コブ・ダグラス型生産関数，労働の限界生産力，資本の限界生産力

第8章

数列

数列は数学の基本的な概念の一つであり，経済学や経営学などのさまざまな分野で利用されている。本章では，等差数列，等比数列の2種類の数列を取り上げ，基本的な公式などについて確認する。また，これらの数列の和を表現する $\sum$ 記号の定義や，さまざまな和の公式などについても学習する。章末の演習問題などを通して，具体的な数列の扱い方に習熟してほしい。

8.1 等差数列とその和

8.1.1 数列

数列とは，

$$2,\ 4,\ 6,\ 8,\ 10,\ \ldots \tag{8.1}$$

のような数の列のことを指す。数列の1つ1つの数を**項**といい，最初の項を**初項**という。我々が一般に扱う数列の各項は，何らかの規則に従って並んでいることが多い。(8.1) の数列は，初項を2として，各項に2（**公差**）をたすと次の項になるという規則で並んでおり，このような数列は**等差数列**とよばれる[1)]。数列が途中で終わる場合，それを**有限数列**とよび，その最後の項を**末項**という。例えば，有限数列

$$2,\ 4,\ 6,\ 8,\ 10$$

の項数は5であり，末項は10である。一方，末項が存在せず，項が限りなく続く (8.1) のような数列を**無限数列**という。

数列を一般的に表すには，a などの文字に項の番号を添えて，

$$a_1,\ a_2,\ a_3,\ \ldots,\ a_n,\ \ldots$$

---

1) 等差数列の正確な定義は，次小節で行う。

のように書く。この数列を $\{a_n\}$ のように略記して書くこともある。また，数列の第 n 項を n の関数として表したものをその数列の**一般項**とよび，a_n のように表す。例えば，数列 (8.1) では，

$$a_1 = 2,\ a_2 = 4,\ a_3 = 6,\ a_4 = 8,\ a_5 = 10,\ \ldots$$

であり，この数列は，

$$\{a_n\} : 2,\ 4,\ 6,\ 8,\ 10,\ \ldots$$

のように書かれる。また，この数列の初項（第1項）は2，第2項は4，第3項は6のように偶数が並んでいるから，第 n 項は $2n$ となり，一般項は $a_n = 2n$ となる。

8.1.2　等差数列

次に，等差数列について説明しよう。数列 (8.1) を見ると，数字が2ずつ増えていることが見て取れる。このことを数式で表現すると，$a_{n+1} = a_n + 2$ $(n = 1, 2, 3, \ldots)$ となる。より一般に，

$$a_{n+1} = a_n + d \qquad (n = 1, 2, 3, \ldots)$$

という関係が成り立つとき，この数列を**等差数列**とよぶ。

他の例として，数列

$$\{b_n\} : 1,\ 4,\ 7,\ 10,\ 13,\ 16,\ \ldots$$

について考えよう。この数列は，初項1に3を次々に加えて得られる数列であるから，初項1，公差3の等差数列である。数列 $\{b_n\}$ は，

$$b_1 = 1,\ b_2 = 4,\ b_3 = 7,\ b_4 = 10,\ b_5 = 13,\ b_6 = 16,\ \ldots$$

すなわち，

$$\begin{aligned}
b_1 &= 1 &&= 1 + 3 \times 0, \\
b_2 &= 1 + 3 &&= 1 + 3 \times 1, \\
b_3 &= 1 + 3 + 3 &&= 1 + 3 \times 2, \\
b_4 &= 1 + 3 + 3 + 3 &&= 1 + 3 \times 3, \\
b_5 &= 1 + 3 + 3 + 3 + 3 &&= 1 + 3 \times 4, \quad \ldots
\end{aligned}$$

であるため，数列 $\{b_n\}$ の一般項は，

$$b_n = 1 + 3(n-1)$$

となる。同様にして，初項 a，公差 d の等差数列を $\{a_n\}$ とすると，

$$\begin{aligned}
a_1 &= a &&= a + d \times 0, \\
a_2 &= a + d &&= a + d \times 1, \\
a_3 &= a + d + d &&= a + d \times 2, \\
a_4 &= a + d + d + d &&= a + d \times 3, \\
a_5 &= a + d + d + d + d &&= a + d \times 4, \quad \ldots
\end{aligned}$$

であるため，数列 $\{a_n\}$ の一般項は，

$$a_n = a + (n-1)d \tag{8.2}$$

となる。

8.1.3 等差数列の和の公式

次に，等差数列の和について考えよう。等差数列 $\{a_n\}$ の初項から第 n 項までの和を S_n とすると，次のようになる。

$$S_n = a_1 + a_2 + a_3 + \cdots + a_{n-1} + a_n$$

この S_n を別の形で表すために，右辺を逆順に並べ替えてみよう。

$$S_n = a_n + a_{n-1} + a_{n-2} + \cdots + a_2 + a_1$$

この 2 つの式をたし合わせると，

$$2S_n = (a_1 + a_n) + (a_2 + a_{n-1}) + (a_3 + a_{n-2}) + \cdots + (a_n + a_1)$$

となる。ここで，

$$a_1 + a_n = a_2 + a_{n-1} = a_3 + a_{n-2} = \cdots = a_n + a_1 = 2a + (n-1)d$$

となることに注意すると[2]，

$$2S_n = \underbrace{\{2a + (n-1)d\} + \{2a + (n-1)d\} + \cdots + \{2a + (n-1)d\}}_{n\text{ 個}}$$

---

[2] (8.2) から $a_1 = a$, $a_n = a + (n-1)d$ となるので，$a_1 + a_n = 2a + (n-1)d$ だとわかる。また，$a_2 = a + d$, $a_{n-1} = a + (n-2)d$ より，$a_2 + a_{n-1} = 2a + (n-1)d$ だとわかる。他も同様である。

となる。したがって，$2S_n = n\{2a + (n-1)d\}$ だから，**等差数列の和**の公式は次のようになる。

$$S_n = \frac{1}{2}n\{2a + (n-1)d\} \quad \left(= \frac{1}{2}n(a_1 + a_n)\right) \tag{8.3}$$

例えば，初項が20で公差が3の等差数列は，

$$20,\ 23,\ 26,\ 29,\ 32,\ 35,\ 38,\ 41,\ 44,\ 47,\ \ldots$$

となり，(8.3)を用いると，この数列の初項から第10項までの和は，

$$S_{10} = \frac{10}{2} \cdot \{2 \cdot 20 + (10-1) \cdot 3\} = 335$$

と求められる[3)]。以下では，経済学などの文脈で用いられる等差数列の例を見てみよう。

例 8.1　貯蓄プランの拠出金

ある個人が毎月一定額を貯蓄するプランを立てたとする。最初の月に1万円を貯蓄し，その後，毎月5,000円ずつ増額して貯蓄していく。この場合，貯蓄額は単位を万円として，次のような等差数列で表せる。

$$a_1 = 1,\ a_2 = 1.5,\ a_3 = 2,\ \ldots$$

したがって，n ヶ月後の貯蓄額は，

$$a_n = 1 + (n-1) \times 0.5$$

と表せる。また，n ヶ月後の総貯蓄額 S_n は，等差数列の和の公式(8.3)を用いて，次のように計算できる。

$$S_n = \frac{n}{2} \times \{2 + (n-1) \times 0.5\} = \frac{n(n+3)}{4}$$

3) 実際に直接計算し，答えが一致することを自ら確かめてみてほしい。

8.2 等比数列とその和

8.2.1 等比数列

前節では，最も基本的な数列である等差数列について考察した。8.2 節では，

$$1,\ 2,\ 4,\ 8,\ 16,\ 32,\ \ldots \tag{8.4}$$

のような数列について考えよう。この数列は，初項を 1 とし，各項に 2（**公比**）をかけたものが次の項になるという規則で並んでいる。この数列を $\{a_n\}$ とすると，

$$a_1 = 1,\ a_2 = 2,\ a_3 = 4,\ a_4 = 8,\ a_5 = 16,\ a_6 = 32,\ \ldots$$

すなわち，

$$\begin{aligned} a_1 &= 1 &&= 1 \times 2^0, \\ a_2 &= 1 \times 2 &&= 1 \times 2^1, \\ a_3 &= 1 \times 2 \times 2 &&= 1 \times 2^2, \\ a_4 &= 1 \times 2 \times 2 \times 2 &&= 1 \times 2^3, \\ a_5 &= 1 \times 2 \times 2 \times 2 \times 2 &&= 1 \times 2^4, \quad \ldots \end{aligned}$$

であるため，数列 $\{a_n\}$ の一般項は，

$$a_n = 1 \cdot 2^{n-1}$$

となる。同様にして，初項 a，公比 r の数列を改めて $\{a_n\}$ とすると，

$$a_1 = a,\ a_2 = ar,\ a_3 = ar^2,\ a_4 = ar^3,\ a_5 = ar^4,\ \ldots$$

であるため，数列 $\{a_n\}$ の一般項は，

$$a_n = ar^{n-1}$$

となる。このような数列は，初項を a，公比を r とする**等比数列**とよばれる。

8.2.2 等比数列の和の公式

次に，等比数列の和を考えよう。数列 (8.4) の初項から第 n 項までの和は，

$$1 + 2 + 4 + 8 + 16 + 32 + \cdots + 2^{n-1}$$

と表される。一般に，等比数列の初項から第 n 項までの和を S_n とすると，

$$S_n = a + ar + ar^2 + \cdots + ar^{n-1} \tag{8.5}$$

となり，この式の両辺に公比 r をかけると，

$$rS_n = ar + ar^2 + \cdots + ar^{n-1} + ar^n \tag{8.6}$$

となる。(8.5) から (8.6) をひくと，

$$\begin{array}{rrl} & S_n = & a + ar + ar^2 + \cdots + ar^{n-1} \\ -) & rS_n = & \quad\;\; ar + ar^2 + \cdots + ar^{n-1} + ar^n \\ \hline & (1-r)S_n = & a - ar^n \\ & = & a(1-r^n) \end{array}$$

のように右辺の同じ部分が打ち消されて簡単な式になる。これを S_n について整理すると，$r \neq 1$ であれば，**等比数列の和**の公式は，

$$S_n = \frac{a(1-r^n)}{1-r} \tag{8.7}$$

となる。ところで，等比数列が無限数列であるとき，

$$a + ar + ar^2 + \cdots + ar^{n-1} + \cdots$$

を**等比級数**とよび，これは (8.7) で $n \to \infty$ としたものとして定義される。そこで，(8.7) で n を無限大に近づけると，$|r| < 1$ のとき $\lim_{n\to\infty} r^n = 0$ だから[4]，

$$\lim_{n\to\infty} S_n = \lim_{n\to\infty} \frac{a(1-r^n)}{1-r} = \frac{a}{1-r} \tag{8.8}$$

となる[5]。この極限値を**等比級数の和**という。なお，$r = 1$ のときは，(8.6) より直接 $S_n = \underbrace{a + \cdots + a}_{n\text{ 個}} = na$ となり，$a \neq 0$ であれば，S_n は一定の値に収束しない。

経済学では等比数列を用いることがよくある。応用例については，第9章で詳しく解説する。

---

[4] 例えば，$r = 1/2$ のとき，数列 $\{r^n\}$ は $1/2,\ 1/4,\ 1/8,\ 1/16,\ 1/32,\ \ldots$ となり，0 に収束する。

[5] $|r| > 1$ のとき，$\lim_{n\to\infty} r^n$ は，一定の値に収束しない。例えば，$r = 2$ のとき $\lim_{n\to\infty} 2^n = \infty$ となる。また，$r = -2$ のとき，数列 $\{r^n\}$ は $-2,\ 4,\ -8,\ 16,\ -32,\ \ldots$ となり，このときも一定の値に収束しない。どちらの数列も**発散**するという。

8.3 $\sum$ 記号と使い方

8.3.1 $\sum$ 記号の意味

$\sum$ 記号は，英語のアルファベットで「S」に対応するギリシャ文字である。「シグマ」と読み，数列の和を表す記号として用いられる。具体的に $\sum$ 記号は次のような和を意味する。

$$\sum_{i=1}^{n} a_i = a_1 + a_2 + \cdots + a_n$$

ここで，$\sum$ の下つき文字 i は，1 から n までの整数を動く変数であり，左辺は第 i 項が a_i と表される数列を $i = 1$ から $i = n$ までたし合わせるという意味である。例えば，

$$\sum_{i=1}^{5} a_i = a_1 + a_2 + a_3 + a_4 + a_5,$$

$$\sum_{i=0}^{5} a_i = a_0 + a_1 + a_2 + a_3 + a_4 + a_5$$

のようになる。

次に，和

$$\sum_{i=1}^{4} i$$

を考えよう。これは，一般項が n と表される数列の第 i 項 $a_i = i$ の和を，$i = 1$ から $i = 4$ までたし合わせたものであり，

$$\sum_{i=1}^{4} i = 1 + 2 + 3 + 4 = 10$$

となる。第 i 項が $a_i = i^2$ であれば，

$$\sum_{i=1}^{4} i^2 = 1^2 + 2^2 + 3^2 + 4^2 = 30$$

となる。一般に，$\sum$ を計算する際には，$\sum$ 記号の右側に書かれた式に $\sum$ 記号の下と上に示された範囲にあるすべての整数 i の値を代入し，その結果を合計すればよい。

8.3.2　和の公式

4つの和

$$\sum_{i=1}^{n} i = 1+2+\cdots+n, \qquad \sum_{i=1}^{n} i^2 = 1^2+2^2+\cdots+n^2,$$
$$\sum_{i=1}^{n} i^3 = 1^3+2^3+\cdots+n^3, \quad \sum_{i=1}^{n} ar^{i-1} = a+ar+\cdots+ar^{n-1} \tag{8.9}$$

は実用上よく使われ，次の**和の公式**が成り立つ。

(i) $\displaystyle\sum_{i=1}^{n} i = \frac{1}{2}n(n+1)$,　(ii) $\displaystyle\sum_{i=1}^{n} i^2 = \frac{1}{6}n(n+1)(2n+1)$,

(iii) $\displaystyle\sum_{i=1}^{n} i^3 = \left\{\frac{1}{2}n(n+1)\right\}^2$,　(iv) $\displaystyle\sum_{i=1}^{n} ar^{i-1} = \begin{cases} \dfrac{a(1-r^n)}{1-r} & (r \neq 1) \\ na & (r=1) \end{cases}$

これらの公式は使用頻度が高いため，覚えておくのが望ましい。ここでは，(i), (iv), (ii) の順に証明を述べ，(iii) については証明の方針を述べるに留めよう。

まず，(i) であるが，これは (8.9) の左上の式を見ると，初項1，公差1の等差数列の第1項から第 n 項までの和である。したがって，等差数列の和の公式 (8.3) に，$a=1, d=1$ を代入すればよい。

次に，(iv) であるが，これは (8.9) の右下の式を見ると，初項 a，公比 r の等比数列の第1項から第 n 項までの和である。したがって，等比数列の和の公式 (8.7) を確認すればよい。

また，(ii) は以下のように求めることができる。

$$(a+1)^3 - a^3 = 3a^2 + 3a + 1$$

において[6)]，$a = 1, 2, 3, \ldots$ を代入すると，

$$\begin{aligned} 2^3 - 1^3 &= 3\cdot 1^2 + 3\cdot 1 + 1 &&(a=1\text{のとき}) \\ 3^3 - 2^3 &= 3\cdot 2^2 + 3\cdot 2 + 1 &&(a=2\text{のとき}) \\ 4^3 - 3^3 &= 3\cdot 3^2 + 3\cdot 3 + 1 &&(a=3\text{のとき}) \end{aligned}$$

---

6) この式は $(a+1)^3 = a^3 + 3a^2 + 3a + 1$ を変形すると得られる。

$$\vdots$$

$$(n+1)^3 - n^3 = 3 \cdot n^2 + 3 \cdot n + 1 \qquad (a = n \text{のとき})$$

となる。これらをすべてたし合わせると，

$$(n+1)^3 - 1 = 3\sum_{i=1}^{n} i^2 + 3\sum_{i=1}^{n} i + n$$

を得る[7]。ここで，(i) を用いると，

$$(n+1)^3 - 1 = 3\sum_{i=1}^{n} i^2 + \frac{3}{2}n(n+1) + n$$

となり，これを変形して，

$$\sum_{i=1}^{n} i^2 = \frac{1}{6}n(n+1)(2n+1)$$

を得ることができる。

また，(iii) も $(a+1)^4 - a^4 = 4a^3 + 6a^2 + 4a + 1$ を用いた同様の方法で求めることができる。

[7] 左辺は打ち消し合いが起きていることに注意する。例えば，「1 行目の 2^3 と 2 行目の -2^3」や「2 行目の 3^3 と 3 行目の -3^3」などが打ち消し合う。

演習問題

基本問題

問1　初項が3で，公差が2の等差数列について，以下の問いに答えよ。

(1) 第5項を求めよ。

(2) 第1項から第5項までの和を求めよ。

問2　初項が1で，公比が2の等比数列について，以下の問いに答えよ。

(1) 第4項を求めよ。

(2) 第1項から第4項までの和を求めよ。

問3　次の等比数列の初項，公比，一般項を求めよ。

$$\{a_n\} : \frac{1}{2},\ \frac{1}{4},\ \frac{1}{8},\ \frac{1}{16},\ \frac{1}{32},\ \ldots$$

問4　次の和を求めよ。

(1) $\displaystyle\sum_{i=1}^{n}(4i-3)$　　　(2) $\displaystyle\sum_{i=1}^{n}i(i+3)$

問5　初項4，公比 $\dfrac{1}{3}$ の等比級数の和を求めよ。

発展問題

問6　次の数列が与えられたとき，一般項を予想せよ。

(1) 2, 6, 18, 54, 162, ...　　　(2) 2, 8, 18, 32, 50, ...

(3) $2,\ -p+5,\ -2p+8,\ -3p+11,\ \ldots$ （p は定数）

問7　初項が2で，公差が3の等差数列 $\{a_n\}$ と，初項が1で，公比が $\dfrac{1}{2}$ の等比数列 $\{b_n\}$ がある。次の問いに答えよ。

(1) 数列 $\{a_n + b_n\}$ の第 10 項を求めよ。

(2) 数列 $\{a_n \cdot b_n\}$ の第 8 項を求めよ。

(3) 数列 $\{a_n + b_n\}$ の和が 100 を超える最小の n を求めよ。

問 8　次の数列の一般項と初項から第 n 項までの和をそれぞれ求めよ。

$$\frac{1}{2\cdot 5},\ \frac{1}{5\cdot 8},\ \frac{1}{8\cdot 11},\ \frac{1}{11\cdot 14},\ \frac{1}{14\cdot 17},\ \cdots$$

問 9　次の等比級数の和を求めよ。

(1) $1 - \frac{1}{3} + \frac{1}{9} - \frac{1}{27} + \cdots$

(2) $(\sqrt{2}+1) + 1 + (\sqrt{2}-1) + \cdots$

キーワード

等差数列，等差数列の和，等比数列，等比数列の和，等比級数，$\sum$ 記号

レオン・ワルラス

レオン・ワルラスは，1834 年に生まれたフランスの数理経済学者である。彼は経済理論の発展に重要な役割を果たし，とくに，限界効用理論と一般均衡理論の研究で知られている。

ワルラスはキャリアの初期にいくつかの挫折を経験した。1853 年，彼はパリの有名な工科大学であるエコール・ポリテクニークに入学を申請したが，数学の準備不足により 2 度も入学試験に不合格となった。また，これら 2 度の不合格の後，1854 年にエコール・ポリテクニークより格下のエコール・デ・マインに入学したが，それも 1 年で退学した。そしてその後，文学，ジャーナリズム，ビジネスなど，さまざまなキャリアを探ったが，どれも成功しなかった。

やがて，そんな彼のもとにも幸運が訪れた。1860 年，彼はローザンヌで開かれた会議に出席し，審査委員の 1 人と知り合った。そこで教授選考試験を受けるよう勧められ，立候補を後押しされたのだ。7 人の委員のうち 3 人が彼の任命に反対したが，ワルラスは 4 票を獲得し教授の座を手に入れた。

ワルラスが経済学にもたらした最も重要な貢献は，著書『純粋経済学原理』に集約されている。この著作において，一般均衡の概念を通じて，経済学の数学的定式化の基礎を築いた。彼の経済に対する数学的アプローチは，当時としては画期的であり，今日でも経済理論の礎となっている。

第9章

経済学と数列

第8章では，等差数列や等比数列の基本的な事項について学習した。本章では，数列について応用的な側面を説明する。まずはじめに，利子の計算における単利法と複利法の違いについて述べ，具体的にそれらの差がどのくらいであるのかを見る。また，9.2節と9.3節では，経済学で基本的な概念である乗数効果や割引現在価値について扱う。本章の例を通して，数列がどのように経済学の各分野で応用されるのかを理解してほしい。

9.1　単利法と複利法

9.1.1　利子と利子率

銀行は預けたお金の額や期間に応じて預金者に報酬を提供する。最初に預けたお金を**元本**という。また，元本に対して，ある一定期間に預金者に支払われる報酬を**利子**（**利息**）といい，**利子率**は利子を元本でわったもので定義される。まずはじめに，利子を1回だけもらう場合について考えよう。

例えば，1,000円を年利10％で預けたら，翌年には利子として100円がもらえる。この利子に元本を含めた1,100円が**元利合計**（元本と利子の合計）となる。同様にして，元本をa，利子率をrとすると，元利合計は，

$$a + ar = a(1 + r)$$

となる。

9.1.2　単利法の元利合計

利子を複数回受け取る状況を考えよう。まず，単利法について説明する。元本aを年利rで1年間預金したときの元利合計は，

$$a + ar$$

である。次に，2年以上（もとのお金をそのまま）継続して，預金し続ける場合について考える。最初に預けた元本 a に対して（のみ）利子が発生する計算方法を**単利法**といい，このとき利子はつねに ar となる。単利法で計算したとき，2年目以降の元利合計がどのようになるかについて考えよう。

2年目の元利合計は，1年目の元利合計 $a+ar$ に利子 ar をたしたものだから，

$$a+2ar$$

となる。同様に，n 年目の元利合計を a_n とすると，

$$\begin{aligned}
a_0 &= a, \\
a_1 &= a+ar, \\
a_2 &= a+2ar, \\
a_3 &= a+3ar, \\
&\vdots \\
a_n &= a+nar
\end{aligned}$$

となるから，利子 $ar \times$ 経過年 n の分だけ，元利合計が増えていくことがわかる。これらの式の右辺を見るとわかるように，一般に単利法で計算した毎年の元利合計 a_n は，初項 $a_0=a$，公差 ar の等差数列になる[1)]。

9.1.3　複利法の元利合計

次に，複利法について説明しよう。**複利法**とは，前年の元利合計をもとに次の年の利子を定める計算方法のことである。元本を a，年利を r とし，n 年後の元利合計を a_n とすると，1年目の元利合計 a_1 は，$a_1=a(1+r)$ となる[2)]。また，2年目の元利合計 a_2 は，$a_2=a(1+r)\times(1+r)=a(1+r)^2$ となる。一般に，

---

1) 初項を a_1 とすることは多いが，必ずしもそうする必要はなく，初項を a_0 とすることもよくある。いまの場合，a_0 は0年目の元利合計だから，これは元本と一致し，$a_0=0$ である。

2) 1年目の元利合計 a_1 は，単利法の元利合計と同じである。複利法では，2年目以降の元利合計が単利法と異なってくる。

$$
\begin{aligned}
a_0 &= a, \\
a_1 &= a(1+r), \\
a_2 &= a(1+r)^2, \\
a_3 &= a(1+r)^3, \\
&\vdots \\
a_n &= a(1+r)^n
\end{aligned}
$$

となるから，複利法で計算した毎年の元利合計 a_n は，初項 $a_0 = a$，公比 $1+r$ の等比数列になる。

9.1.4 単利法と複利法の元利合計の差

9.1 節の最後に，単利法と複利法で計算した元利合計ににどれくらいの差がでるのかについて，簡単な例を通して計算してみよう。単純化のため，元本を 1 万円，利子率を 5％とする。単利法による n 年後の元利合計を a_n，複利法による元利合計を b_n とすると，

$$a_n = 1 + 0.05n, \quad b_n = 1.05^n$$

となるから，n 年後の元利合計の差 $c_n = b_n - a_n$ は，

$$c_n = 1.05^n - 0.05n - 1$$

となる。例えば，$n = 10, 20, 30, 40$ 年後とすると，

$$
\begin{aligned}
&a_{10} = 1.5, \quad a_{20} = 2, \quad a_{30} = 2.5, \quad a_{40} = 3, \\
&b_{10} \approx 1.63, \quad b_{20} \approx 2.65, \quad b_{30} \approx 4.32, \quad b_{40} \approx 7.04
\end{aligned}
$$

だから，

$$c_{10} \approx 0.13, \quad c_{20} \approx 0.65, \quad c_{30} \approx 1.82, \quad c_{40} \approx 4.04$$

となり，40 年後の元利合計は，単利法と複利法で元本の約 4 倍の違いがでることになる。例えば，100 万円を年利 5％で 40 年間預けた場合の元利合計は，単利法では 300 万円となり，複利法では 704 万円となる。その差は元本 100 万円の約 4 倍の 404 万円である。

9.2　経済活動と乗数効果

9.2.1　乗数効果

経済活動の中では，ある出来事が他の出来事を引き起こし，次々に波及していくことがしばしば見られる。このような連鎖的な反応は，とくに投資や消費といった行動を通じて経済全体に大きな影響を及ぼすことがある。こうした現象の代表例として，乗数効果が挙げられる。**乗数効果**とは，初期投資が経済全体に波及し，結果として当初の投資額を上回る所得や消費の増加を引き起こす現象を指す。この効果は，経済活動が連鎖的に反応することで発生する。

具体的には，ある経済主体（個人，企業，政府など）が経済活動を行うと，その直接的な影響に加えて，間接的な効果が経済全体に広がる。例えば，公共事業や企業投資による投資が新たな所得を生み，その所得が消費を通じてさらに拡大する。このような連鎖反応によって，最終的に初期投資を含めた経済全体での所得や消費の増加の総和が，初期の投資額を上回ることになる。

乗数効果は，経済成長や景気刺激策を考える際に重要な概念であり，その大きさは**限界消費性向**（所得が増加したときに消費にあてる割合）などに依存する。ざっくりとした流れを述べると，以下のようになる。

1. 初期投資：企業や政府などが，投資を増やすことを決定する。
2. 所得の増加：この投資により，人々の所得，すなわち**国内総所得**[3]が増加する。
3. 消費の増加：所得が増えると，人々は消費を増やす傾向がある。
4. さらなる所得の増加：消費の増加が需要を喚起し，さらなる所得の増加につながる。
5. さらなる消費の増加：所得が増えると，人々はさらに消費を増やす傾向がある。
6. 繰り返し：4と5が繰り返され，そのたびに国内総所得と消費が増加し，経済成長の好循環が生まれる。

[3] 国内総所得とは，経済活動の規模を表す指標の一つであり，国内全体の所得の総額を指す。また，これは経済活動によって生み出された付加価値の合計である。

9.2.2 乗数効果の具体例

政府が新しい公園を建設すると仮定する。この行動は，経済活動の連鎖反応，すなわち乗数効果を引き起こす。以下にその流れを説明する。

1. 初期投資：公園建設のために政府が支出したとする。このお金は労働者の雇用や資材の購入などに使われる。
2. 労働者の収入の増加：公園建設に従事する労働者が収入を得る。この収入を I とする。
3. 収入による消費の増加：労働者は新たに得た収入の一部を財やサービスの消費にあてる[4)]。この消費は，収入 I と限界消費性向 c の積 cI で表される。
4. さらなる収入の増加：労働者が消費したお金 cI は，企業などにとっての新たな収入となる。すなわち，社会全体で新たな収入 cI を得たことになる。
5. さらなる消費の増加：この新たに得られた収入 cI も，一定の割合で再び消費に回る。この割合も c であるとすると，ここでの消費は c^2I となる。
6. 循環の継続：この消費をもとに得られた新たな収入は c^2I となる。このサイクルが繰り返されることで，この循環が継続される。4と5の連鎖的な収入の合計 T は，次の式で表される。

$$T = I + cI + c^2I + c^3I + \cdots = \frac{I}{1-c}$$

なお，ここでの式変形は，中辺の式が初項 I，公比 c $(0 < c < 1)$ の等比級数の和であることにもとづく。

さて，ここで得られた $T = \dfrac{I}{1-c}$ において，$M = \dfrac{1}{1-c}$ とすると，

$$T = IM$$

が得られる。この式の M は，連鎖的な収入の合計 T が I の何倍になるかを表しており，**乗数**とよばれている。例えば，限界消費性向が $c = 0.8$ の場合，乗数 M は次のように計算される。

4) 財やサービスの定義は，10.1.1 小節を参照せよ。

$$M = \frac{1}{1 - 0.8} = 5$$

このとき，$I = 100$ 万円の初期投資は $T = 100 \times 5 = 500$ 万円の所得の増加を生む[5)]。

9.3　割引現在価値とコンソル債

9.3.1　割引現在価値

割引現在価値とは，将来のキャッシュフローを現在の価値に換算するための概念である。この概念は，お金が時間とともに価値を失うという考え方に基づいている。例えば，将来手に入る1万円は，いま手元にある1万円よりも価値が低いということである。

この概念は，銀行預金などの例で考えるとわかりやすい。具体例として，複利の意味での利子率 r $(0 \leq r \leq 1)$ の銀行に1万円を預金することを考えよう。この場合，翌年以降，預金総額は $1 + r$ 倍の価値が加算された額となる。このとき，銀行預金の利子率が**割引率**（割引現在価値を計算するときに，1年あたりに割り引く割合）として機能する。これは，預金したお金が時間とともに増えていく一方で，そのお金を現在の価値に戻すためには，その増加分を割り引く必要があるからである。この割引の割合が，銀行預金の利子率に相当する。

例えば，銀行預金の年利が5％である場合，1年後に1万円を得るための割引現在価値 p は次のように計算できる。

$$p = \frac{1}{1 + 0.05} \approx 0.95$$

すなわち，1年後に1万円を得るための割引現在価値は約9,500円となる。これは「仮に，いま持っているお金が9,500円であれば，1年後の価値は $9500 \times (1 + 0.05) \approx 10000$ 円となる」が，この計算を逆にしているからである。

同様に，2年後に1,000円を得るための割引現在価値は $p = \frac{1}{(1 + 0.05)^2} \approx 0.91$ と計算でき，約9,100円である。より一般に，n 年後における割引現在価

5) （専門家向け）ここでの説明は，乗数効果を単純に説明することを重視したものである。より正確な内容が知りたい読者は，[20] を参照されたい。

値を p_n とすると，

$$p = \frac{p_n}{(1+r)^n}$$

となる。

9.3.2　コンソル債の割引現在価値

コンソル債の割引現在価値について考えよう。**コンソル債**（**永久債**）とは，額面が**償還**されない債券である。すなわち，預かったお金が投資家に返却されない債券で，永久に利子の支払いが続くような特殊な債券である。今期の市場金利が 6% で，来期以降もその利子率が続いていくことが予想されている状況を考え，各期 4 万円の利払いが行われるコンソル債の割引現在価値を求めてみよう。なお，**市場金利**とは，お金を貸し借りする際の相場価格のようなもので，銀行が貸し出すお金の利率の目安のことである。仮に市場金利が 6% であれば手元にあるお金は，6% ずつ目減りしていくことになる。

まず 1 期目には，4 万円の利払いがあるから，その割引現在価値は $\frac{4}{1+0.06}$ 万円である。また 2 期目にも，同じく 4 万円の利払いがあるから，その割引現在価値は $\frac{4}{(1+0.06)^2}$ 万円である。同様に，3 期目の割引現在価値は $\frac{4}{(1+0.06)^3}$ 万円となり，このコンソル債の割引現在価値 p は，

$$p = \frac{4}{1+0.06} + \frac{4}{(1+0.06)^2} + \frac{4}{(1+0.06)^3} + \cdots$$

となる。これは，初項 $\frac{4}{1+0.06}$，公比 $\frac{1}{1+0.06}$ の等比級数だから，その和は (8.8) より，

$$\frac{\dfrac{4}{1+0.06}}{1-\dfrac{1}{1+0.06}} = \frac{4}{1+0.06-1} = \frac{400}{6} \approx 66.7\ (万円)$$

となる。

より一般に，コンソル債の利子の額を a $(0 \leq a \leq 1)$，市場金利を r $(0 \leq r \leq 1)$ とすると，コンソル債の割引現在価値 p は，各期の利子の割引現在価値をたし合わせたものとなる。すなわち，

$$p = \frac{a}{1+r} + \frac{a}{(1+r)^2} + \frac{a}{(1+r)^3} + \cdots$$

となる。これは，永久に利子が支払われるコンソル債の価値を現在価値に換算したものであり，その価値は利子の額 a や市場金利 r によって決まる。

演習問題

基本問題

問 1 第 8 章に出てきた等差数列と等比数列の一般項は，どのように記述できるか説明せよ。また，等差数列と等比数列の和の公式について説明せよ。

問 2 10 万円を年利 3 % の単利法で預けたとき，10 年後の元利合計を求めよ。また，複利法で預けたときの元利合計を求めよ。ただし，近似値として $1.03^{10} \approx 1.34$ を利用してよい。

問 3 利子率 8 % の複利計算で 10,000 円を預けたとき，各年の残高を並べて得られる等比数列 $\{a_n\}$ において，a_0 から a_5 までを電卓を用いて計算せよ。ただし，小数部分は切り捨てることとする。また，一般項 a_n を求めよ。

問 4 ある経済において，政府が 100 億円の投資を行った。消費者の限界消費性向を 0.7 とし，他の要因は変化しないものとする。このとき，次の問いに答えよ。

(1) 乗数の値を求めよ。

(2) 乗数効果を考慮して，初期投資を含めた国内総所得が，どれだけ増加するかを求めよ。

発展問題

問 5 現在を 0 期とする。1 期から T 期まで，ある金額の収入があることが決まっており，t 期の収入が p_t $(p > 0, t = 1, 2, \ldots, T)$ であるとする。利子率が r $(0 < r < 1)$ のとき，次の問いに答えよ。

(1) 1 期から 3 期までの収入の割引現在価値の合計を求めよ。

(2) 1期から T 期までの収入の割引現在価値の合計を求めよ。

(3) 各期の収入が一定の値 p (> 0) であるとする。1期から T 期までの収入の割引現在価値について，$T \to \infty$ とした和を求めよ。

(4) (3) で求めた和が q を超えるための r の条件を求めよ。ただし，$p < q$ とする。

キーワード

単利法・複利法，乗数，乗数効果，割引現在価値，コンソル債

第10章

ベクトルとポートフォリオ理論

本章ではベクトルの基本的な概念について学習する。ベクトルは経済学で複数の商品やサービスを同時に扱う際に有用である。計量経済学などのいくつかの分野で，発展的な内容を学習する際に，ベクトルの知識が不可欠である。本章の前半で，ベクトルの定義から内積の計算方法までを説明する。後半は，ベクトルの応用例としてポートフォリオ理論を挙げた。ポートフォリオ理論は，投資家が市場リスクを適切に管理しながら期待収益率を最大化する方法を提供する。金融経済学の基礎を学ぶには，この理論を理解することが必要である。

10.1 ベクトル

10.1.1 ベクトルの概念

経済学では，価格や所得などはもちろんのこと，生産量や消費量など，さまざまな数量を扱う。経済学におけるこれらの数量は，それぞれ特定の種類の経済量の大きさを表している。しかし，これらの数量をそれぞれ単独で考えるだけでは必ずしも十分ではなく，むしろいくつかの種類の数量を同時に考えることが必要な場合もある。ここでは商品よりも一般的によく使われる財という用語を使って説明する。経済学では，商品として取引きされるもののうち，形のあるものを**財**といい，形のないものを**サービス**という[1)]。

ある個人の消費について考えてみよう。与えられた収入と価格に対して，個人は自分の満足度を最大化するために，さまざまな財の消費の組合せを選択しようとするだろう。例えば，第1財を10単位，第2財を20単位，第3財を15単位消費したとする。このとき，これらの数字を別々に扱うことも可能ではあるが，それらをまとめて$(10, 20, 15)$と書けばわかりやすい。そして，この表

---

1) （専門家向け）本書の財の定義は[13]や[19]に従う。なお，さまざまな商品をまとめて財とよぶ定義の仕方もある（[17]など）。

記によって，この個人が与えられた収入と価格に対して行う消費の選択の組を表すとすれば，見通しがよくなる。このグループ化された数の組を**ベクトル**とよぶ[2)]。

このような消費量の組の他にも，経済学では多くのベクトルが見られる。例えば，さまざまな産業の生産高を配列して得られるベクトルは，その経済の産業構造を示す指標となる[3)]。また，いろいろな商品の価格からなるベクトルは，相対価格の体系を知る手がかりとなる。他にも，ある産業における各種原材料の投入量と生産量からなるベクトルは，その産業の生産技術の構造を表していると考えられる。

10.1.2　$\boldsymbol{n}$ 次元ベクトル

一般に，n 個の数を $a_1, a_2, \ldots, a_n$ で表すと，これらの数からなるベクトルは，

$$\mathbf{a} = (a_1, a_2, \ldots, a_n) \tag{10.1}$$

と表され[4)]，このような n 個の数で構成されるベクトルを **$\boldsymbol{n}$ 次元ベクトル**とよぶ。また，ベクトルを構成する各要素をベクトルの**成分**とよぶ。このようなベクトルに対して，普通の数（実数）をとくに**スカラー**とよぶ。したがって，ベクトルの各成分はスカラーである。

経済学でベクトルを用いる際は，ベクトルの各成分は，あらかじめ定義された何らかの意味をもっている場合が多い。例えば，第1成分は第1財の消費量を表し，第2成分は第2財の消費量を表すといった具合である[5)]。したがって，ベクトルの要素の順序は重要であり，単にいくつかの数字を順不同に並べたものとは異なる。

---

2) （やや専門家向け）より正確にベクトルとは，線形性がありスカラー倍をとることができる量である。詳しくは [3] など，線形代数の教科書を参照されたい。なお，本書でも後に，ここで定義したベクトルの概念を一般化する。

3) 例えば，第1財，第2財，第3財の生産高を (a, b, c) のように並べたものである。

4) 高等学校でのベクトルは $\overrightarrow{a} = (a_1, a_2, \ldots, a_n)$ のように，矢印を使って表すことが多いが，大学以降では太字でベクトルを表すことが一般的である。

5) 例えば，第1財はコーヒーの消費量で，第2財は紅茶の消費量というように，実際はもっと具体的に考える場合も多い。

ベクトルは通常，(10.1) に示したように成分を横に並べて表現される場合が多いが，縦に並べた形で表現することもある。成分を横に並べたベクトルを**行ベクトル**（**横ベクトル**），成分を縦に並べたベクトルを**列ベクトル**（**縦ベクトル**）という。次のベクトル $\mathbf{a}$ は行ベクトルで，$\mathbf{b}$ は列ベクトルである。

$$\mathbf{a} = (a_1, a_2, \ldots, a_n), \quad \mathbf{b} = \begin{pmatrix} b_1 \\ b_2 \\ \vdots \\ b_n \end{pmatrix}$$

また，これらのベクトル $\mathbf{a}$ と $\mathbf{b}$ に対して，ベクトルの**転置** $\mathbf{a}^\top$ と $\mathbf{b}^\top$ を次のように定義する[6]。

$$\mathbf{a}^\top = \begin{pmatrix} a_1 \\ a_2 \\ \vdots \\ a_n \end{pmatrix}, \quad \mathbf{b}^\top = (b_1, b_2, \ldots, b_n)$$

2 つのベクトル $\mathbf{a} = (a_1, a_2, \ldots, a_n)$ と $\mathbf{c} = (c_1, c_2, \ldots, c_n)$ において，対応する n 個の成分がすべて互いに等しいとき，両者は**等しい**といい，$\mathbf{a} = \mathbf{c}$ と表記する。成分がすべて 0 であるベクトルを**ゼロベクトル**といい，$\mathbf{0}$ と書く[7]。ベクトル $\mathbf{a}$ のすべての成分が正のとき，$\mathbf{a}$ は**正ベクトル**とよばれ，ベクトル $\mathbf{a}$ のすべての成分が非負のとき，$\mathbf{a}$ は**非負ベクトル**とよばれる[8]。以下では，各成分が（正や非負とは限らない）一般の実数であると思って，議論を進めることにしよう。

10.1.3　ベクトルの演算

例えば，パンを 1 個作るために，原材料として小麦粉 3 単位とイースト 1 単位が必要であると仮定する。このとき，1 個のパンに必要な原材料は，ベクト

---

[6] 分野によっては，ベクトル $\mathbf{a}$ の転置を $\mathbf{a}'$ と表すこともある。

[7] この $\mathbf{0}$ は，数字の 0 の太字である。

[8] 経済学以外の分野でベクトルを用いる際は，正ベクトルや非負ベクトルを使うことはあまりない。誤解を恐れずにいえば，この使い方は（比較的）経済学特有である。

ルを用いて $(3,1)$ と表される。2個のパンに必要な原材料のベクトルは，各成分を2倍した $(6,2)$ であればよいから，これはもとのベクトルを2倍したものと捉えるのが自然であろう。また，3個のパンに必要な原材料のベクトルは，もとのベクトルを3倍した $(9,3)$ と捉えるのが妥当である。

上の例から類推すると，ベクトルを2倍するという行為はベクトルのすべての成分を2倍する行為であり，3倍するという行為はすべての成分を3倍する行為であると考えられる。その考えを踏襲すると，一般に，ベクトル $\mathbf{a}$ にスカラー k をかけた場合，そのベクトルの成分はすべて k 倍されると捉えるのが自然である。すなわち，$\mathbf{a} = (a_1, a_2, \ldots, a_n)$ のとき，

$$k\,\mathbf{a} = (ka_1, ka_2, \ldots, ka_n)$$

と定義し，これによってベクトルの**スカラー倍**を定める[9)]。

次に，ベクトルの和と差を考えよう。

$$\mathbf{b} = (b_1, b_2, \ldots, b_n)$$

とする。同様に，パンを作る例を考えよう。2個のパンに必要な原材料は，ベクトルを用いて $(6,2)$ と表されるのであり，3個のパンに必要な原材料は $(9,3)$ と表されるのであった。それを踏まえると，5個のパンに必要な原材料は，

$$(6,2) + (9,3) = (15,5)$$

と捉えるのが自然であろう。したがって，これを一般的な形に拡張すると，あるベクトルとあるベクトルの和は，「たし合わせるベクトルそれぞれの対応する成分の和を新たな成分とするようなベクトル」である必要がある。したがって，2つのベクトル $\mathbf{a}$ と $\mathbf{b}$ の**和**は，

$$\mathbf{a} + \mathbf{b} = (a_1 + b_1,\ a_2 + b_2,\ \ldots,\ a_n + b_n)$$

と定義するのが自然である。また，ベクトルの差についても同様に考えると，ベクトル $\mathbf{a}$ と $\mathbf{b}$ の**差**は，

$$\mathbf{a} - \mathbf{b} = (a_1 - b_1,\ a_2 - b_2,\ \ldots,\ a_n - b_n)$$

---

9) 列ベクトルについても，行ベクトルと同様にベクトルのスカラー倍を定めることができる。これ以降も行ベクトルについて定義できるものは，列ベクトルについても同様に定義できる。

と定義できる[10)]。

なお，通常のスカラーどうしの計算では，交換法則・結合法則・分配法則などが仮定されていた。これらの性質は，ベクトルの演算でも仮定される。すなわち，ベクトル$\mathbf{a}$, $\mathbf{b}$, $\mathbf{c}$とスカラーkに対して，次の式が成立する。

$$\mathbf{a}+\mathbf{b}=\mathbf{b}+\mathbf{a} \qquad \text{（交換法則）}$$
$$(\mathbf{a}+\mathbf{b})+\mathbf{c}=\mathbf{a}+(\mathbf{b}+\mathbf{c}) \qquad \text{（結合法則）}$$
$$k(\mathbf{a}+\mathbf{b})=k\mathbf{a}+k\mathbf{b} \qquad \text{（分配法則）}$$

10.1.4 ベクトルの図示

簡単な例として，2次元ベクトル$\mathbf{a}=(a_1, a_2)$を考えよう[11)]。このベクトルの第1成分a_1は第1財の消費を表し，第2成分a_2は第2財の消費を表すものとする。図10.1に示すように，座標平面上で第1財の消費量をx_1軸，第2財の消費量をx_2軸に対応させると，このベクトルは原点Oから点Aに向かう矢印で表され，これを$\overrightarrow{\mathrm{OA}}$と表記する。ここで，$\mathbf{a}=(a_1, a_2)$であることから，$\overrightarrow{\mathrm{OA}}$の第1軸方向の変化量は$a_1$，第2軸方向の変化量は$a_2$であることに注意しよう。

さて，図10.1を見ると，$\overrightarrow{\mathrm{OA}}$はその「向き」と「大きさ」[12)]のみによって決定されていることがわかる[13)]。したがって，ベクトル$\mathbf{a}=\overrightarrow{\mathrm{OA}}$は，$\mathbf{a}=(a_1, a_2)$のように具体的な**成分表示**を与えても定まり，図10.1のように向きと大きさを与えることによっても定まる。

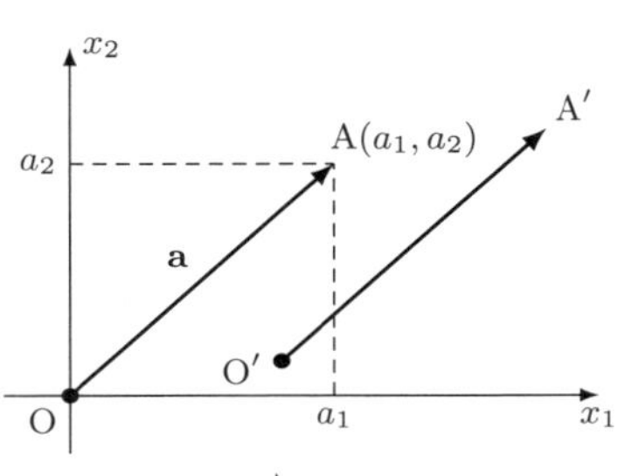

図10.1 $\overrightarrow{\mathrm{OA}}$とその成分表示

10) なお，2次元ベクトル$\mathbf{a}=(a_1, a_2)$と3次元ベクトル$\mathbf{b}=(b_1, b_2, b_3)$のように異なる次数のベクトル間では，ベクトルの和と差は定義できない。

11) ベクトルを図式化できるのはせいぜい3次元までであり，4次元以上は類推するしかない。ここでは図示が容易な2次元ベクトルで説明する。

12) ここでいう「大きさ」とは，図10.1の線分OAの長さである。

13) すなわち，矢印OAはどちらの向きを向いているかと，矢印の長さによって定まる。

そこで，ベクトル $\overrightarrow{\mathrm{OA}}$ の平行移動について考えよう。先述の通り，ベクトルは向きと大きさを与えるだけで決定される。したがって，図10.1の $\overrightarrow{\mathrm{O'A'}}$ ように，$\overrightarrow{\mathrm{OA}}$ を平行移動して得られたベクトルも，もとのベクトルと同じである。すなわち，ベクトルは平行移動によって変化せず，$\mathbf{a} = \overrightarrow{\mathrm{OA}} = \overrightarrow{\mathrm{O'A'}}$ である。

次に，ベクトルのスカラー倍とたし算の図示を考えてみよう。図10.2は2次元ベクトル (a_1, a_2) のスカラー倍を示している。ベクトルにスカラー k をかけることで，ベクトルの長さが同じ方向に k 倍になる。k が負の数の場合は，ベクトルの向きが逆になる。

また，ベクトルのたし算に関する図示を考える。2つの2次元ベクトル $\mathbf{a} = (a_1, a_2)$ と $\mathbf{b} = (b_1, b_2)$ をたすと，

$$\mathbf{a} + \mathbf{b} = (a_1 + b_1,\ a_2 + b_2)$$

より，これは図10.3の $\overrightarrow{\mathrm{OC}}$ ように表せる。すなわち，ベクトルは平行移動で不変であったことを思い出すと，

$$\overrightarrow{\mathrm{OC}} = \overrightarrow{\mathrm{OA}} + \overrightarrow{\mathrm{OB}} = \overrightarrow{\mathrm{OA}} + \overrightarrow{\mathrm{AC}} = \overrightarrow{\mathrm{OB}} + \overrightarrow{\mathrm{BC}} = \mathbf{a} + \mathbf{b}$$

のように，ベクトル $\overrightarrow{\mathrm{OC}}$ をさまざまな方法で表せる[14]。

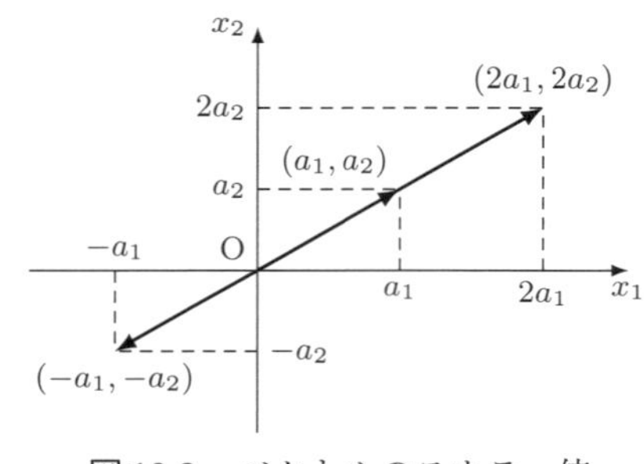

図10.2　ベクトルのスカラー倍

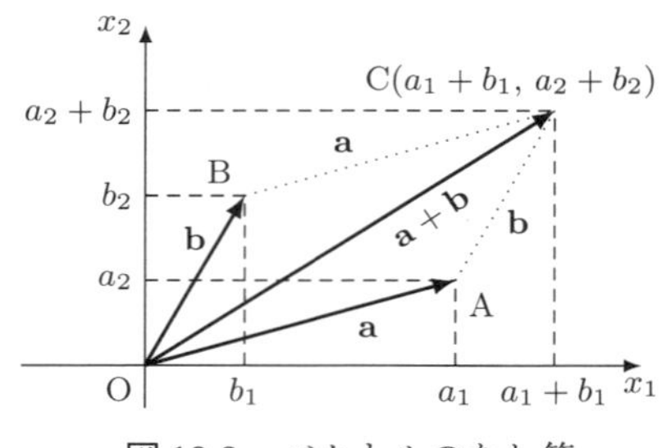

図10.3　ベクトルのたし算

14)「線分OCが $\overrightarrow{\mathrm{OA}}$ と $\overrightarrow{\mathrm{OB}}$ によって形成される平行四辺形の対角線になっている」ことにも注意されたい。

10.1.5 ベクトルの大きさ

図10.4のような2次元ベクトル$\overrightarrow{\mathrm{OA}}$を考えよう。点Aの座標が$(a_1, a_2)$で与えられたとする。このとき，ベクトル$\overrightarrow{\mathrm{OA}}$の大きさを$|\overrightarrow{\mathrm{OA}}|$で表記すると，これは線分OAの長さで与えられ，

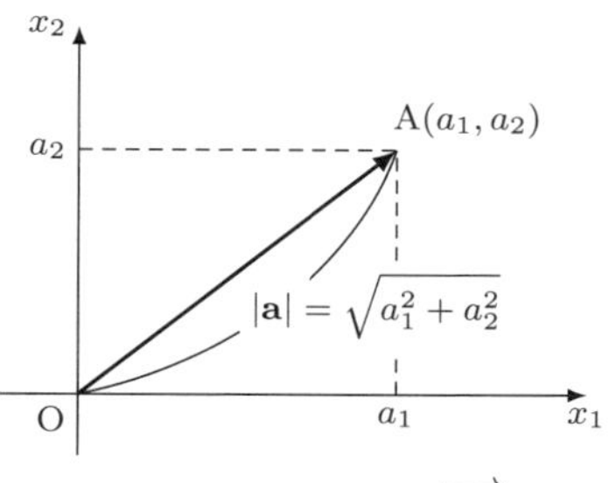

図10.4 ベクトル$\overrightarrow{\mathrm{OA}}$

$$|\overrightarrow{\mathrm{OA}}| = \mathrm{OA} = \sqrt{a_1^2 + a_2^2}$$

となる。また，$\mathbf{a} = \overrightarrow{\mathrm{OA}}$とすれば，$|\mathbf{a}| = \sqrt{a_1^2 + a_2^2}$である。

同様にして，一般のn次元ベクトル$\mathbf{a} = (a_1, a_2, \ldots, a_n)$についてもベクトルの**大きさ**は次のように定義され[15)]，これを**ユークリッド距離**という。

$$|\mathbf{a}| = \sqrt{a_1^2 + a_2^2 + \cdots + a_n^2}$$

10.1.6 ベクトルの内積

ベクトルの内積を説明しよう。一般に，n次元ベクトル$\mathbf{a}$と$\mathbf{b}$について，それらの対応する成分をかけ合わせた積をすべてたして得られる値は，ベクトル$\mathbf{a}$と$\mathbf{b}$の**内積**とよばれ，$\mathbf{a} \cdot \mathbf{b}$と表記される。具体的には，

$$\mathbf{a} = (a_1, a_2, \ldots, a_n), \quad \mathbf{b} = (b_1, b_2, \ldots, b_n)$$

のとき，それらの内積は，

$$\mathbf{a} \cdot \mathbf{b} = a_1 b_1 + a_2 b_2 + \cdots + a_n b_n$$

で定義される[16)17)]。また，ベクトルの内積はベクトルではなくスカラーであ

15) 例えば，$n = 3$の場合，$|\mathbf{a}| = \sqrt{a_1^2 + a_2^2 + a_3^2}$である。
16) ベクトルの内積は次元の異なるベクトル間では定義できないことに注意されたい。例えば，2次元のベクトル(a_1, a_2)と3次元のベクトル(b_1, b_2, b_3)の内積は定義できない。
17) 本文は行ベクトル同士の内積を定義したが，縦ベクトル同士でも内積は定義できる。具

る[18]。ベクトルの内積に関して，次の法則が成り立つ。

$$\mathbf{a}\cdot\mathbf{b}=\mathbf{b}\cdot\mathbf{a} \qquad \text{（交換法則）}$$

$$\left.\begin{aligned}\mathbf{a}\cdot(\mathbf{b}+\mathbf{c})&=\mathbf{a}\cdot\mathbf{b}+\mathbf{a}\cdot\mathbf{c}\\(\mathbf{b}+\mathbf{c})\cdot\mathbf{a}&=\mathbf{b}\cdot\mathbf{a}+\mathbf{c}\cdot\mathbf{a}\end{aligned}\right\} \qquad \text{（分配法則）}$$

経済学では，さまざまな商品の価格とそれらの生産量や消費量といった量がしばしば登場するが，そのような価格と数量の積の和をベクトルの内積の形で示すことができる。

例 10.1

n 種類の商品の価格を $p_1, p_2, \ldots, p_n$ とし，これらの商品の販売量を $x_1, x_2, \ldots, x_n$ とする。また，$\mathbf{p}=(p_1, p_2, \ldots, p_n)$，$\mathbf{x}=(x_1, x_2, \ldots, x_n)$ とする[19]。このとき，

$$\mathbf{p}\cdot\mathbf{x}=p_1x_1+p_2x_2+\cdots+p_nx_n$$

は商品の総売り上げ高である。

10.2　ポートフォリオ理論の基礎

10.2.1　ポートフォリオと重みベクトル

ポートフォリオとは，「複数の書類をひとまとめにして持ち運べるケース」

体的には，$\mathbf{a}=\begin{pmatrix}a_1\\a_2\\\vdots\\a_n\end{pmatrix}$，$\mathbf{b}=\begin{pmatrix}b_1\\b_2\\\vdots\\b_n\end{pmatrix}$ のとき，$\mathbf{a}\cdot\mathbf{b}=a_1b_1+a_2b_2+\cdots+a_nb_n$ で定義される。行ベクトルと縦ベクトルの内積は，通常定義しない。これに対応する計算は，第11章で説明する行列の積を使って表す。

18) 例えば，$\mathbf{a}=(2,1)$，$\mathbf{b}=(-1,3)$ のとき，$\mathbf{a}\cdot\mathbf{b}=2\cdot(-1)+1\cdot3=1$ であり，内積はスカラーである。

19) $\mathbf{p}=(p_1, p_2, \ldots, p_n)$ は**価格ベクトル**，$\mathbf{x}=(x_1, x_2, \ldots, x_n)$ は**生産量ベクトル**とよばれる。

の意味で，イタリア語を語源とする。金融・投資用語としての**ポートフォリオ**は，「現金，預金，株式，債券，不動産」など，投資家が保有している金融商品の一覧やその組合せを指す。

ポートフォリオ理論はこのポートフォリオに関する理論であり，投資目標とリスク許容度などに合わせて，さまざまな資産に投資を上手く分散させるために用いる。このとき，ポートフォリオをベクトル $\mathbf{p}$ で表す。

$$\mathbf{p} = (p_1, p_2, \ldots, p_n)$$

このベクトルは，各資産にいくら投資しているかを表しており，各成分 p_i は i 番目の資産に投資している金額である。例えば，$p_2 = 100$ 万円のとき，2 番目の資産に 100 万円を投資していることになる。

投資ポートフォリオ $\mathbf{p}$ のバランスを把握するために，各資産の相対的重要性を示す**重みベクトル** $\mathbf{w}$ を使用する。

$$\mathbf{w} = (w_1, w_2, \ldots, w_n)$$

ここで，第 i 成分の重み w_i は次の式で定義される。

$$w_i = \frac{p_i}{\sum_{j=1}^{n} p_j} = \frac{p_i}{p_1 + p_2 + \cdots + p_n}$$

この式は各資産が総投資額に占める割合を示しており，これらの重みの合計は 1 に等しくなるように定められる[20]。

$$\sum_{i=1}^{n} w_i = 1$$

[20] 例えば，$n = 3$ のとき，$w_i = p_i/(p_1 + p_2 + p_3)$ であり，$w_1 = p_1/(p_1 + p_2 + p_3)$ は全資産の内，資産 1 の占める割合である。また，このとき，$\sum_{i=1}^{3} w_i = w_1 + w_2 + w_3 = p_1/(p_1 + p_2 + p_3) + p_2/(p_1 + p_2 + p_3) + p_3/(p_1 + p_2 + p_3) = 1$ だから，確かにポートフォリオの重みの合計は 1 となっている。

例 10.2　ポートフォリオ構成

3つの資産からなるポートフォリオを考えてみよう。

- 資産1（現金）：100万円を投資[21)]
- 資産2（株式）：150万円を投資
- 資産3（不動産）：250万円を投資

ここでのポートフォリオの合計価値は500万円である。また，ポートフォリオ $\mathbf{p}$ と重みベクトル $\mathbf{w}$ は，次のようになる。

$$\mathbf{p} = (100, 150, 250), \quad \mathbf{w} = \left(\frac{100}{500}, \frac{150}{500}, \frac{250}{500}\right) = (0.2, 0.3, 0.5)$$

10.2.2　ポートフォリオの期待収益率

ポートフォリオの**期待収益率**は，個々の資産の期待収益率の加重和として算出される。資産 i の期待収益率（投資家が投資するにあたって期待する収益率）を r_i とする。このとき，期待収益率のベクトルは，

$$\mathbf{r} = (r_1, r_2, \ldots, r_n)$$

で表され，ポートフォリオの期待収益率 E はポートフォリオの重みベクトルを $\mathbf{w}$ として次で定義される。

$$E = \mathbf{w} \cdot \mathbf{r}$$

例 10.3　ポートフォリオの期待収益率の計算

ある投資家が，3つの異なる資産を含むポートフォリオを検討していると仮定する。これらの資産の年間期待収益率は次の通りである。

- 資産1（現金）：100万円を投資，期待リターン0%
- 資産2（株式）：150万円を投資，期待リターン3%
- 資産3（不動産）：250万円の投資，期待リターン2%

21) 「現金に投資する」という表現は通常使わないが，ここではそのような言い方を許容することにする。

これらの個々の資産の期待収益率は，次のベクトル $\mathbf{r}$ で表すことができる。

$$\mathbf{r} = (0.00, 0.03, 0.02)$$

ポートフォリオの重み $\mathbf{w}$ は，例 10.2 より次のようになる。

$$\mathbf{w} = (0.2, 0.3, 0.5)$$

　ポートフォリオの期待収益率 E は，重みベクトル $\mathbf{w}$ と期待収益率のベクトル $\mathbf{r}$ の内積であったから，

$$E = \mathbf{w} \cdot \mathbf{r} = 0.2 \cdot 0.00 + 0.3 \cdot 0.03 + 0.5 \cdot 0.02 = 0.019$$

となる。したがって，このポートフォリオの期待収益率は 1.9％となる。

注　ポートフォリオのリスク

　ポートフォリオのリスクは，その収益率の分散によって定量化される。収益率の分散 V は，$V = \mathbf{w}\Sigma\mathbf{w}^\top$ のように，**資産収益率の共分散行列** Σ を用いて計算される。ここで，この分野で使う Σ は数列の和を表すときに用いる $\sum$ とは別物で，資産 i の収益率と資産 j の収益率の共分散を i 行と j 列にもつ $n \times n$ 行列（第 11 章）であり，$\mathbf{w}^\top$ は重みベクトルの転置である。この説明には若干の補足説明が必要であるため，興味のある読者は [10] などを参照されたい。

演習問題

基本問題

問1　次の計算をせよ。

(1) $4\mathbf{a} - 3\mathbf{b} - 5\mathbf{a} + 2\mathbf{b}$　　(2) $4(3\mathbf{a} + \mathbf{b}) + 2(2\mathbf{a} + 5\mathbf{b})$

(3) $3(-3\mathbf{a} - 2\mathbf{b}) - (3\mathbf{a} - \mathbf{b})$　　(4) $\dfrac{1}{3}(2\mathbf{a} + \mathbf{b}) - \dfrac{1}{4}(4\mathbf{a} - 2\mathbf{b})$

問2　$\mathbf{a} = (3, 9)$, $\mathbf{b} = (-2, x)$ のとき，$\mathbf{a}$ と $\mathbf{b}$ が平行となる x の値を求めよ。

問3　$\mathbf{a} = (5, 2)$, $\mathbf{b} = (-2, 1)$, $\mathbf{c} = (1, 3)$ のとき，次の値や成分表示を求めよ。

(1) $|\mathbf{a}|$　　(2) $2\mathbf{b}$

(3) $2|\mathbf{c}|$　　(4) $\mathbf{a} + \mathbf{2b}$

(5) $-3\mathbf{a} - 5\mathbf{c}$　　(6) $(3\mathbf{b} - 2\mathbf{a}) - 2(\mathbf{a} - 4\mathbf{c})$

(7) $\mathbf{a} \cdot \mathbf{b}$　　(8) $\mathbf{a} \cdot (\mathbf{b} - 2\mathbf{c})$

問4　ポートフォリオが $\mathbf{p} = (1, 2, 7)$ で与えられるとき，これに対応する重みベクトルを求めよ。

発展問題

問5　$\mathbf{a} = (2, -4)$, $\mathbf{b} = (3, 3)$ に対して，$|t\mathbf{a} + \mathbf{b}|$ が $3\sqrt{2}$ となる t を求めよ。

問6　$\mathbf{a} = (2, 4)$, $\mathbf{b} = (2, 6)$, $\mathbf{c} = (x, y)$ とする。これらのベクトルを座標平面上に図示したとき，$\mathbf{c}$ は $2\mathbf{a} + \mathbf{b}$ に平行で $|\mathbf{c}| = \sqrt{7}$ であったとする。x, y の値を求めよ。

問 7　ポートフォリオ $\mathbf{p}$ と重みベクトル $\mathbf{w}$ が次のように与えられるとき，期待収益率を求めよ。

$$\mathbf{p} = (10, 20, 30), \quad \mathbf{w} = (0.01, 0.03, 0.02)$$

問 8　ある投資家は，3つの資産 X, Y, Z からなるポートフォリオを構築しようとしている。各資産の期待収益率は，$\mathbf{r} = (0.07,\ 0.10,\ 0.12)$ で与えられるとする。このとき，ポートフォリオの期待収益率を 9% にするために，各資産にどのような割合で投資すべきか求めよ。ただし，投資割合の総和は 1 とする。

キーワード

ベクトル，大きさ，内積，ポートフォリオ，重みベクトル，期待収益率

アルフレッド・マーシャル

アルフレッド・マーシャルは，1842 年にロンドンで，銀行員の父ウィリアムと，肉屋の娘レベッカの間に生まれた。彼はイギリスを代表する経済学者である。

マーシャルは「新古典派経済学」の創始者として知られている。彼の 1890 年の著書『経済学原理』は，長い間，英国で経済学の教科書として用いられてきた。この書籍では，商品の価格がどのように決まるか，限られた資源をどのように配分するべきか，そして，生産コストがどのように影響を与えるかが説明されている。そのため，彼は「ミクロ経済学の父」や「厚生経済学の父」と称されている。

マーシャルは，1877 年から 1881 年までブリストル大学の初代学長を務めた後，オックスフォード大学やケンブリッジ大学で教鞭を執り，経済学の発展に大いに貢献した。また，王立労働委員会のメンバーとして，イギリスの労働問題の解決にも寄与した。

彼の研究は，経済学の基盤を築くものであった。マーシャルは，商品の価格が需要と供給のバランスで決まることや，消費者余剰（消費者が得る満足度）について新しい概念を提唱した。そして，1924 年 7 月 13 日，ケンブリッジで死去した。

第11章 行列と連立方程式

この章では，行列について詳しく説明する。前半では，行列の基本的な定義からはじまり，その性質や種類，行列の演算について学習する。具体的には，行列のスカラー倍，和と差，積や逆行列の求め方について学ぶ。後半では，行列を使った連立方程式の解法に焦点をあてる。第10章で学んだベクトルと組み合わせることで，連立方程式をより簡潔に表現し，解くことが可能になる。

11.1 行列

11.1.1 行列の定義

$m \times n$ 個の数を

$$a_{11},\ a_{12},\ a_{13},\ \ldots,\ a_{1n}$$

$$a_{21},\ a_{22},\ a_{23},\ \ldots,\ a_{2n}$$

$$\cdots$$

$$a_{m1},\ a_{m2},\ a_{m3},\ \ldots,\ a_{mn}$$

のように表すと，これらの数で構成される**行列**は，次のように表現できる[1)]。

$$\mathrm{A} = \begin{pmatrix} a_{11} & a_{12} & a_{13} & \cdots & a_{1n} \\ a_{21} & a_{22} & a_{23} & \cdots & a_{2n} \\ \vdots & \vdots & \vdots & \ddots & \vdots \\ a_{m1} & a_{m2} & a_{m3} & \cdots & a_{mn} \end{pmatrix} \tag{11.1}$$

ここで，行列の横の並びを**行**とよび，縦の並びを**列**とよぶ。例えば，(11.1) の

1) 行列の数字の配列を囲む括弧は，(　) の代わりに [　] を使うこともある。

$$2\text{行目は}\ a_{21}\ a_{22}\ a_{23}\ \cdots\ a_{2n},\qquad 3\text{列目は}\ \begin{matrix} a_{13} \\ a_{23} \\ \vdots \\ a_{m3} \end{matrix}$$

である。各 a_{ij} は行列 A の i 行 j 列目の数を表しており[2]，行列 A を**サイズ**（**大きさ**）m 行 n 列の行列とよぶ。m 行 n 列の行列を $m \times n$ 行列ともよび，さらに，i 行目かつ j 列目の位置にある成分 a_{ij} を行列の i-j **成分**とよぶ[3]。行列 A を i-j 成分を使って，

$$\mathrm{A} = (a_{ij})$$

と表すこともある[4]。

2つの $m \times n$ 行列 $\mathrm{A} = (a_{ij})$ と $\mathrm{B} = (b_{ij})$ について，対応する成分 a_{ij} と b_{ij} がすべて互いに等しい場合，A と B は**等しい**といわれ，$\mathrm{A} = \mathrm{B}$ と表される。すべての成分が 0 であるような行列を**ゼロ行列**といい，O と書く。すべての成分が正であるような行列を**正行列**，非負のときの行列を**非負行列**とよぶ。これらの概念は，ベクトルに関する同様の定義の一般化として理解できる[5]。

11.1.2　正方行列

行と列の数が同じ $n \times n$ 行列を n 次の**正方行列**とよぶ。また，正方行列の左上から右下への対角線上にある数を行列の**対角成分**とよび，この対角線を**主対角線**とよぶ。(11.2) では，$a_{11}, a_{22}, \ldots, a_{nn}$ が対角成分である。

---

[2] 例えば，a_{12} は行列 A の 1 行 2 列目の成分を表している。

[3] 「i-j 成分」を「(i, j) 成分」と書く教科書もある。

[4] 行列は，ある順序で並べられたベクトルの集まりと考えることもできる。例えば，(11.1) の行列 A は，縦に並べられた m 個の行ベクトルの集まり，または，横に並べられた n 個の列ベクトルの集まりとも考えることができる。$m \times 1$ 行列や $1 \times n$ 行列はそれぞれ $\begin{pmatrix} a_{11} \\ a_{12} \\ \vdots \\ a_{1m} \end{pmatrix}$, $(a_{11}\ a_{12}\ \cdots\ a_{1n})$ のようになるから，これらをベクトルと同一視することもできる。

[5] 経済学では，ベクトルの場合と同様，正行列または非負行列を扱う場合も多い。

$$A = \begin{pmatrix} a_{11} & a_{12} & a_{13} & \cdots & a_{1n} \\ a_{21} & a_{22} & a_{23} & \cdots & a_{2n} \\ \vdots & \vdots & \vdots & \ddots & \vdots \\ a_{n1} & a_{n2} & a_{n3} & \cdots & a_{nn} \end{pmatrix} \tag{11.2}$$

また，正方行列 (11.2) で，その対角成分以外の成分がすべて 0 である行列を**対角行列**といい，次のように表す。

$$A = \begin{pmatrix} a_{11} & 0 & \cdots & 0 \\ 0 & a_{22} & \cdots & 0 \\ \vdots & \vdots & \ddots & \vdots \\ 0 & 0 & \cdots & a_{nn} \end{pmatrix}$$

さらに，正方行列 (11.2) で，その対角成分がすべて 1 で，その他の成分がすべて 0 である行列を**単位行列**という。

$$E = \begin{pmatrix} 1 & 0 & \cdots & 0 \\ 0 & 1 & \cdots & 0 \\ \vdots & \vdots & \ddots & \vdots \\ 0 & 0 & \cdots & 1 \end{pmatrix} \tag{11.3}$$

単位行列は，E または I で表される。

11.1.3 転置行列と対称行列

行列 A が $m \times n$ 行列で，その成分を a_{ij} とする。すなわち，(11.1) を考える。このとき，A の**転置行列** $A^{\top}$ をその i-j 成分が A の j-i 成分となる $n \times m$ 行列として，次のように定める[6]。

$$A^{\top} = \begin{pmatrix} a_{11} & a_{21} & a_{31} & \cdots & a_{m1} \\ a_{12} & a_{22} & a_{32} & \cdots & a_{m2} \\ \vdots & \vdots & \vdots & \ddots & \vdots \\ a_{1n} & a_{2n} & a_{3n} & \cdots & a_{mn} \end{pmatrix}$$

[6] 定義から転置行列は，もとの行列の行と列を入れ替えた行列となる。また，転置行列を再び転置した行列は，もとの行列と一致する。

例 11.1

$$\mathrm{A} = \begin{pmatrix} 1 & 2 & 3 \\ 4 & 5 & 6 \end{pmatrix} \text{ のとき，} \mathrm{A}^\top = \begin{pmatrix} 1 & 4 \\ 2 & 5 \\ 3 & 6 \end{pmatrix} \text{ となる。}$$

n 次の正方行列 (11.2) について考える。この主対角線の右上部分と左下部分のすべての成分が，主対角線に対して対称，すなわち $a_{ij} = a_{ji}$ であるような行列を**対称行列**とよぶ。対角行列は対称行列の一種であり，対称行列の転置はもとの行列に等しくなる。具体的には，次のような行列を指す。

$$\begin{pmatrix} a_{11} & a_{12} & a_{13} & \cdots & a_{1n} \\ a_{12} & a_{22} & a_{23} & \cdots & a_{2n} \\ a_{13} & a_{23} & a_{33} & \cdots & a_{3n} \\ \vdots & \vdots & \vdots & \ddots & \vdots \\ a_{1n} & a_{2n} & a_{3n} & \cdots & a_{nn} \end{pmatrix}$$

例 11.2

$$\text{行列 } \mathrm{A} = \begin{pmatrix} a & b & c \\ b & d & e \\ c & e & f \end{pmatrix} \text{ は 3 次の対称行列であり，} \mathrm{A}^\top = \mathrm{A} \text{ が成り立つ。}$$

11.1.4　行列のスカラー倍，和と差

ベクトルと同様に，行列にもスカラー倍やたし算・ひき算などの演算を定義することができる。まず，行列のスカラー倍，つまり，行列にスカラーをかけるという演算を考えてみよう。(11.1) で定義した行列 A に対して，その**スカラー倍** $k\mathrm{A}$ を次で定める。

$$k\mathrm{A} = \begin{pmatrix} ka_{11} & ka_{12} & ka_{13} & \cdots & ka_{1n} \\ ka_{21} & ka_{22} & ka_{23} & \cdots & ka_{2n} \\ \vdots & \vdots & \vdots & \ddots & \vdots \\ ka_{m1} & ka_{m2} & ka_{m3} & \cdots & ka_{mn} \end{pmatrix}$$

これはすなわち，ある行列にスカラー k をかけると，その行列のすべての成分が k 倍されるということである。

次に，行列の和と差について考えよう。

$$\mathrm{B} = \begin{pmatrix} b_{11} & b_{12} & b_{13} & \cdots & b_{1n} \\ b_{21} & b_{22} & b_{23} & \cdots & b_{2n} \\ \vdots & \vdots & \vdots & \ddots & \vdots \\ b_{m1} & b_{m2} & b_{m3} & \cdots & b_{mn} \end{pmatrix}$$

とする。2つの行列 A と B の**和**や**差**は，行列 A と B の行と列の数がそれぞれ同じである場合についてのみ定義され[7)]，その定義は次の通りである。

$$\mathrm{A} + \mathrm{B} = \begin{pmatrix} a_{11}+b_{11} & a_{12}+b_{12} & a_{13}+b_{13} & \cdots & a_{1n}+b_{1n} \\ a_{21}+b_{21} & a_{22}+b_{22} & a_{23}+b_{23} & \cdots & a_{2n}+b_{2n} \\ \vdots & \vdots & \vdots & \ddots & \vdots \\ a_{m1}+b_{m1} & a_{m2}+b_{m2} & a_{m3}+b_{m3} & \cdots & a_{mn}+b_{mn} \end{pmatrix},$$

$$\mathrm{A} - \mathrm{B} = \begin{pmatrix} a_{11}-b_{11} & a_{12}-b_{12} & a_{13}-b_{13} & \cdots & a_{1n}-b_{1n} \\ a_{21}-b_{21} & a_{22}-b_{22} & a_{23}-b_{23} & \cdots & a_{2n}-b_{2n} \\ \vdots & \vdots & \vdots & \ddots & \vdots \\ a_{m1}-b_{m1} & a_{m2}-b_{m2} & a_{m3}-b_{m3} & \cdots & a_{mn}-b_{mn} \end{pmatrix}$$

11.1.5 行列の積

次に，行列のかけ算を考えよう。2つの行列 A と B の積 AB は，A の列の数と B の行の数が同じである場合にのみ定義できる。$m \times r$ 行列 A の i-k 成分を a_{ik}，$r \times n$ 行列 B の k-j 成分を b_{kj} とすると，これら2つの行列の**積** AB は，$m \times n$ 行列として定義される。具体的に，AB の各成分 c_{ij} は次のように定義される。

$$c_{ij} = \sum_{k=1}^{r} a_{ik} b_{kj}$$

例えば，

7) すなわち，行列 A と B のサイズが同じ場合のみ，行列のたし算とひき算が定義される。

$$\mathrm{A} = \begin{pmatrix} a_{11} & a_{12} & a_{13} \\ a_{21} & a_{22} & a_{23} \end{pmatrix}, \quad \mathrm{B} = \begin{pmatrix} b_{11} & b_{12} \\ b_{21} & b_{22} \\ b_{31} & b_{32} \end{pmatrix}$$

のとき，行列Aは3列，行列Bは3行だから積が定義でき，行列ABのサイズは2×2となる[8)]。つまり，

- ABの1-1成分c_{11}は，$c_{11} = a_{11}b_{11} + a_{12}b_{21} + a_{13}b_{31}$
- ABの1-2成分c_{12}は，$c_{12} = a_{11}b_{12} + a_{12}b_{22} + a_{13}b_{32}$
- ABの2-1成分c_{21}は，$c_{21} = a_{21}b_{11} + a_{22}b_{21} + a_{23}b_{31}$
- ABの2-2成分c_{22}は，$c_{22} = a_{21}b_{12} + a_{22}b_{22} + a_{23}b_{32}$

と計算できるので[9)]，

$$\begin{aligned} \mathrm{AB} &= \begin{pmatrix} c_{11} & c_{12} \\ c_{21} & c_{22} \end{pmatrix} \\ &= \begin{pmatrix} a_{11}b_{11} + a_{12}b_{21} + a_{13}b_{31} & a_{11}b_{12} + a_{12}b_{22} + a_{13}b_{32} \\ a_{21}b_{11} + a_{22}b_{21} + a_{23}b_{31} & a_{21}b_{12} + a_{22}b_{22} + a_{23}b_{32} \end{pmatrix} \end{aligned}$$

となる。

この例から推察できるように，一般に，行列の積は，「一方の行列Aの行」と「他方の行列Bの列」にある対応する数字どうしの積の和を計算する。まとめると，次のような手順で計算すればよい。

1. 対応する行列Aの行と行列Bの列を選ぶ。
2. 対応する成分どうしをかけ合わせ，その計算結果をすべてたし合わせる。
3. この合計が行列ABの（対応する位置の）成分となる。
4. 行列Aのすべての行と行列Bのすべての列に対して，この手順を繰り返す。

具体例を2つ示しておこう。

---

8) 行列Aは2×3行列，行列Bは3×2行列だから，$m = n = 2, r = 3$である。

9) 定義から$c_{11} = \sum_{k=1}^{3} a_{1k}b_{k1} = a_{11}b_{11} + a_{12}b_{21} + a_{13}b_{31}$となり，残りの$c_{12}$，$c_{21}$，$c_{22}$も同様である。

例 11.3

$$A = \begin{pmatrix} a & b \\ c & d \end{pmatrix},\ B = \begin{pmatrix} e & f \\ g & h \end{pmatrix} \text{ のとき，} AB = \begin{pmatrix} ae+bg & af+bh \\ ce+dg & cf+dh \end{pmatrix}$$

例 11.4

$$C = \begin{pmatrix} a & b \\ c & d \\ e & f \end{pmatrix},\ D = \begin{pmatrix} g & h & i & j \\ k & l & m & n \end{pmatrix} \text{ のとき，}$$

$$CD = \begin{pmatrix} ag+bk & ah+bl & ai+bm & aj+bn \\ cg+dk & ch+dl & ci+dm & cj+dn \\ eg+fk & eh+fl & ei+fm & ej+fn \end{pmatrix}$$

本小節の最後に，重要な事実を2つ紹介しよう。A を n 次の正方行列とし，E を n 次の単位行列とする。このとき，

$$AE = EA = A$$

が成り立つ。したがって，行列のかけ算で単位行列 E をかけることは，実数のかけ算で 1 をかけることに対応する。

例 11.5

$n = 2$ のとき，

$$\begin{pmatrix} a & b \\ c & d \end{pmatrix}\begin{pmatrix} 1 & 0 \\ 0 & 1 \end{pmatrix} = \begin{pmatrix} 1 & 0 \\ 0 & 1 \end{pmatrix}\begin{pmatrix} a & b \\ c & d \end{pmatrix} = \begin{pmatrix} a & b \\ c & d \end{pmatrix}$$

である。また，$n = 3$ のとき，

$$\begin{pmatrix} a & b & c \\ d & e & f \\ g & h & i \end{pmatrix}\begin{pmatrix} 1 & 0 & 0 \\ 0 & 1 & 0 \\ 0 & 0 & 1 \end{pmatrix} = \begin{pmatrix} 1 & 0 & 0 \\ 0 & 1 & 0 \\ 0 & 0 & 1 \end{pmatrix}\begin{pmatrix} a & b & c \\ d & e & f \\ g & h & i \end{pmatrix} = \begin{pmatrix} a & b & c \\ d & e & f \\ g & h & i \end{pmatrix}$$

である。

また，行列のかけ算では交換法則 AB = BA が必ずしも成り立たないことに注意しよう。すなわち，行列のかけ算では，

$$\mathrm{AB} \neq \mathrm{BA}$$

である。

例 11.6

$\mathrm{A} = \begin{pmatrix} 1 & 2 \\ 3 & 4 \end{pmatrix}, \mathrm{B} = \begin{pmatrix} 0 & 1 \\ 0 & 0 \end{pmatrix}$ のとき，

$$\mathrm{AB} = \begin{pmatrix} 1\cdot 0 + 2\cdot 0 & 1\cdot 1 + 2\cdot 0 \\ 3\cdot 0 + 4\cdot 0 & 3\cdot 1 + 4\cdot 0 \end{pmatrix} = \begin{pmatrix} 0 & 1 \\ 0 & 3 \end{pmatrix},$$

$$\mathrm{BA} = \begin{pmatrix} 0\cdot 1 + 1\cdot 3 & 0\cdot 2 + 1\cdot 4 \\ 0\cdot 1 + 0\cdot 3 & 0\cdot 2 + 0\cdot 4 \end{pmatrix} = \begin{pmatrix} 3 & 4 \\ 0 & 0 \end{pmatrix}$$

であるから，行列の積の交換法則が成り立たない。

注　$\mathrm{A} = \begin{pmatrix} a_{11} & a_{12} & a_{13} \\ a_{21} & a_{22} & a_{23} \end{pmatrix}, \mathrm{B} = \begin{pmatrix} b_{11} & b_{12} \\ b_{21} & b_{22} \\ b_{31} & b_{32} \end{pmatrix}$ のとき，

$$\mathrm{AB} = \begin{pmatrix} a_{11}b_{11} + a_{12}b_{21} + a_{13}b_{31} & a_{11}b_{12} + a_{12}b_{22} + a_{13}b_{32} \\ a_{21}b_{11} + a_{22}b_{21} + a_{23}b_{31} & a_{21}b_{12} + a_{22}b_{22} + a_{23}b_{32} \end{pmatrix}$$

となる。一方，BA を計算すると，

$$\mathrm{BA} = \begin{pmatrix} b_{11}a_{11} + b_{12}a_{21} & b_{11}a_{12} + b_{12}a_{22} & b_{11}a_{13} + b_{12}a_{23} \\ b_{21}a_{11} + b_{22}a_{21} & b_{21}a_{12} + b_{22}a_{22} & b_{21}a_{13} + b_{22}a_{23} \\ b_{31}a_{11} + b_{32}a_{21} & b_{31}a_{12} + b_{32}a_{22} & b_{31}a_{13} + b_{32}a_{23} \end{pmatrix}$$

となる。例 11.6 で見たように，一般の行列 A, B に対して AB ≠ BA であるが，これは行列のサイズも含めて異なっていることに注意されたい。

11.1.6　逆行列

正方行列 A の**逆行列**は，正方行列 A とかけ合わせると単位行列 E になる行列である。すなわち，正方行列 A に対して，

$$\mathrm{AB} = \mathrm{BA} = \mathrm{E}$$

を満たす正方行列 B が存在するとき，B を A^{-1} と書き，それを A の逆行列とよぶ。任意の行列 A に対して，逆行列が必ず存在するとは限らない[10]。行列 A の逆行列が存在するとき，行列 A は**正則**であるという。行列 A が正則であるかどうかを判断するには，**行列式** $\det(\mathrm{A})$ を計算する必要がある。記述が煩雑になるため，本書では一般の行列に対する逆行列は定義せず，2×2 行列，3×3 行列の場合についてのみ説明を試みよう。

まず，2×2 行列の場合を考えよう。

$$\mathrm{A} = \begin{pmatrix} a & b \\ c & d \end{pmatrix}$$

とする。2×2 行列の行列式 $\det(\mathrm{A})$ は $ad - bc$ であることが知られている。行列式 $\det(\mathrm{A})$ が 0 でない場合，すなわち，$ad - bc \neq 0$ のとき，逆行列 A^{-1} は次のようになる。

$$\mathrm{A}^{-1} = \frac{1}{ad - bc} \begin{pmatrix} d & -b \\ -c & a \end{pmatrix}$$

読者は，$\mathrm{AA}^{-1} = \mathrm{A}^{-1}\mathrm{A} = \begin{pmatrix} 1 & 0 \\ 0 & 1 \end{pmatrix}$ となることを確認してみるとよいだろう。

3×3 行列の場合を考えよう。

$$\mathrm{A} = \begin{pmatrix} a & b & c \\ d & e & f \\ g & h & i \end{pmatrix}$$

とするとき，逆行列 A^{-1} は，

$$\mathrm{A}^{-1} = \frac{1}{aei + bfg + cdh - ceg - bdi - afh} \begin{pmatrix} ei - fh & ch - bi & bf - ce \\ fg - di & ai - cg & cd - af \\ dh - ge & bg - ah & ae - bd \end{pmatrix}$$

---

[10] 例えば，$\mathrm{A} = \begin{pmatrix} 1 & 2 \\ 2 & 4 \end{pmatrix}$ とすると，A の逆行列は存在しない。すなわち，どんな行列 B に対しても $\mathrm{AB} = \mathrm{BA} = \mathrm{E}$ とはならない。

となることが知られている[11)]。

11.2　行列と連立方程式

次の連立方程式について考えてみよう。

$$\begin{cases} a_{11}x + a_{12}y = b_1 \\ a_{21}x + a_{22}y = b_2 \end{cases}$$

この連立方程式は，行列を用いて次のように表すことができ，これを**連立方程式の行列表示**という。

$$\begin{pmatrix} a_{11} & a_{12} \\ a_{21} & a_{22} \end{pmatrix} \begin{pmatrix} x \\ y \end{pmatrix} = \begin{pmatrix} b_1 \\ b_2 \end{pmatrix}$$

さらに，

$$\mathrm{A} = \begin{pmatrix} a_{11} & a_{12} \\ a_{21} & a_{22} \end{pmatrix}, \quad \mathbf{x} = \begin{pmatrix} x \\ y \end{pmatrix}, \quad \mathbf{b} = \begin{pmatrix} b_1 \\ b_2 \end{pmatrix}$$

とすると，

$$\mathrm{A}\mathbf{x} = \mathbf{b} \tag{11.4}$$

と表すことができる。ここで，A は**係数行列**，$\mathbf{x}$ は**変数ベクトル**，$\mathbf{b}$ は**定数ベクトル**とよばれる。

さて，行列 A が逆行列をもつとき，$\mathbf{x}$ を求めるには A^{-1} を (11.4) の式の左からかければよい。

$$\mathrm{A}^{-1}(\mathrm{A}\mathbf{x}) = \mathrm{A}^{-1}\mathbf{b}$$

よって，$\mathrm{A}^{-1}\mathrm{A} = \mathrm{E}$ であるから，次の式が得られる。

$$\mathbf{x} = \mathrm{A}^{-1}\mathbf{b}$$

---

11) 2×2 の逆行列は覚えておくとよいが，3×3 の逆行列は覚えておく必要はない。より一般の場合について知りたい読者は，[3] などを参照されたい。

例 11.7

連立方程式 $\begin{cases} 2x+3y=8 \\ x+2y=-3 \end{cases}$ を考えてみよう。これを行列で表すと，次のようになる。

$$\begin{pmatrix} 2 & 3 \\ 1 & 2 \end{pmatrix}\begin{pmatrix} x \\ y \end{pmatrix}=\begin{pmatrix} 8 \\ -3 \end{pmatrix}$$

このとき，係数行列 A と定数ベクトル $\mathbf{b}$ は次のようになる。

$$\mathrm{A}=\begin{pmatrix} 2 & 3 \\ 1 & 2 \end{pmatrix}, \quad \mathbf{b}=\begin{pmatrix} 8 \\ -3 \end{pmatrix}$$

ここで，$\mathrm{A}=\begin{pmatrix} a & b \\ c & d \end{pmatrix}$ の逆行列が $\mathrm{A}^{-1}=\dfrac{1}{ad-bc}\begin{pmatrix} d & -b \\ -c & a \end{pmatrix}$ であったことを思い出すと，

$$\mathrm{A}^{-1}=\frac{1}{2\cdot 2-3\cdot 1}\begin{pmatrix} 2 & -3 \\ -1 & 2 \end{pmatrix}=\begin{pmatrix} 2 & -3 \\ -1 & 2 \end{pmatrix}$$

となる。よって，

$$\mathbf{x}=\begin{pmatrix} 2 & -3 \\ -1 & 2 \end{pmatrix}\begin{pmatrix} 8 \\ -3 \end{pmatrix}=\begin{pmatrix} 25 \\ -14 \end{pmatrix}$$

であり，$x=25,\ y=-14$ となる。

演習問題

基本問題

問1　次の式を計算をせよ。

(1) $\begin{pmatrix} 4 & 1 & 6 & 8 \\ 3 & 2 & -2 & 1 \end{pmatrix} + \begin{pmatrix} 4 & -1 & 7 & 1 \\ -4 & 6 & 9 & 2 \end{pmatrix}$

(2) $\begin{pmatrix} 4 & -2 & 3 \\ 1 & 0 & 5 \\ -1 & 0 & 1 \end{pmatrix} - \begin{pmatrix} -1 & 3 & 2 \\ 2 & 1 & 4 \\ 6 & 5 & -1 \end{pmatrix}$

(3) $\begin{pmatrix} -1 & 2 & 1 \\ 3 & 2 & 1 \end{pmatrix} \begin{pmatrix} 4 & -1 & 1 \\ 2 & 2 & -3 \\ 1 & 1 & 0 \end{pmatrix}$

(4) $\begin{pmatrix} 4 & 1 & 6 & 8 \\ 3 & 2 & -2 & 1 \end{pmatrix} \begin{pmatrix} 4 & -1 & 7 \\ -4 & 6 & 9 \\ 3 & 7 & -1 \\ 1 & -2 & 0 \end{pmatrix}$

問2　$\mathrm{A} = \begin{pmatrix} 3 & -1 & 4 \\ 3 & 2 & 1 \end{pmatrix}$, $\mathrm{B} = \begin{pmatrix} 0 & 2 & 3 \\ 5 & -3 & -2 \end{pmatrix}$ のとき，次の等式を満たす行列 X を求めよ。

$$2(\mathrm{X} - \mathrm{B}) + \mathrm{A} = \mathrm{X} + 3\mathrm{A}$$

問3　次の行列が正則であるか確かめ，正則である場合は逆行列を求めよ。

(1) $\mathrm{A} = \begin{pmatrix} 3 & -2 \\ -9 & 7 \end{pmatrix}$　　(2) $\mathrm{B} = \begin{pmatrix} 4 & 6 \\ 2 & 3 \end{pmatrix}$

問4　次の連立方程式を逆行列を用いて解け。

(1) $\begin{cases} 5x+3y=12 \\ 2x+\ \ y=4 \end{cases}$　　(2) $\begin{cases} 6x+5y=20 \\ x+3y=-7 \end{cases}$

発展問題

問5　ある企業が生産する2つの製品AとBに対する生産工程は，行列Mによってモデル化されるとする。具体的には，$\mathrm{M}=\begin{pmatrix}1 & 2\\ 3 & 4\end{pmatrix}$ であり，$\mathbf{x}=\begin{pmatrix}x_1\\ x_2\end{pmatrix}$ がそれぞれの製品の原材料 x_1, x_2 を表すベクトルである。このとき，$\mathbf{y}=\mathrm{M}\mathbf{x}$ によって表される生産量のベクトル $\mathbf{y}$ を求めよ。さらに，行列Mの逆行列 M^{-1} を求め，$\mathbf{y}$ からもとの原材料を表すベクトル $\mathbf{x}$ を復元せよ。

問6　社会の構成員を資本家階級と労働者階級という2つのグループに分類する。一世代が経過するごとに，資本家階級の構成員のうち40％は労働者階級に転落し，残りの60％は資本家階級に留まるものとする。また，労働者階級については，一世代ごとにその構成員の30％が資本家階級に仲間入りし，残りの70％は労働者階級に留まるものとする。最初，資本家階級の構成員の数が100人，労働者階級は500人であったとしよう。この場合，二世代経過した後には，それぞれの階級の構成員の数はどのように変化しているか。行列とベクトルを用いて表せ。

キーワード

行列，正方行列，単位行列，転置行列，対称行列，行列の和・差・積，逆行列，連立方程式の行列表示

ジョン・メイナード・ケインズ

ジョン・メイナード・ケインズは，1883 年にイギリスで生まれた。マクロ経済理論と政府の経済政策に革命をもたらしたことで広く知られている。ケンブリッジ大学で学んだケインズは，当初数学を専攻していたが，マーシャルやピグーなどの経済学者の影響を受け，経済学に転向した。

1936 年に発表されたケインズの著作『雇用，利子および貨幣の一般理論』は，現代マクロ経済理論の礎となっている。この著作において，彼は古典派経済学が唱える「自己調整市場がつねに完全雇用を実現する」という主張に異議を唱え，有効需要に着目することの重要性を強調した。とくに，彼は需要不足が長期にわたる失業につながる可能性があると主張し，景気低迷時には，需要を喚起するために支出の増加や減税など，積極的な政府介入を提唱した。

ケインズの経歴は多岐にわたった。彼はインド省で政府職員としてキャリアをスタートさせ，第一次世界大戦中には財務省で働いていた。さらに，ケンブリッジ大学キングズ・カレッジの経済学のフェロー兼講師としても活躍し，1911 年には『エコノミック・ジャーナル』の編集者となった。ケインズは，実践的な洞察力と理論的な革新で知られ，投機によって莫大な富を築いたことでも有名である。

第 12 章

統計学の基本的な概念と確率

本章では，統計学や確率論の基本的な概念である「母平均，母分散，母標準偏差，標本平均，不偏分散，標本標準偏差」および「期待値，分散」について学習する。昨今，さまざまなデータが集めやすい環境が整ってきたことから，統計学や確率論は重視される傾向にある。多くの統計学や確率論の教科書では，母平均や母分散などの概念と期待値や分散などの概念を明確に分けて説明することをあまりしないが，本書では多少欲張って，その両者を説明することを試みたい。読者は本章に出てくる定義を理解することを中心に学習を進めるとよいであろう。

12.1 統計学の用語

12.1.1 母集団と標本

母集団とは，統計的に分析対象となる全体の集合を指す。一方，**標本**とは，母集団から無作為に抽出した部分集合を指す。例えば，全国の大学生が 1 ヶ月に使う服飾費について考えよう。全員に対して調査を行うことは困難であるため，無作為に選んだいくつかの大学の学生に対して調査を行うことを考える。この場合，母集団は全国の大学生全員を要素とする集合であり，標本は無作為に選ばれた大学生の集合である[1)]。

母集団と標本では，次のように使用する記号が異なる。これら統計学でよく使用される記号の意味は，続く小節で説明する。

- 母集団での記号：
  母平均： μ,　母分散： σ^2,　母集団の標準偏差： σ
- 標本での記号：
  標本平均： $\overline{x}$，不偏分散： s^2，標本の標準偏差： s

---

1) 標本という言葉は，単独の学生を指すのではなく，学生の集合（すなわち，母集団の部分集合）を指すことに注意する必要がある。

12.1.2 母平均と母分散

母平均は母集団全体のデータの平均値を表す。母集団が N 個の値をもち，それらを $x_1, x_2, \ldots, x_N$ とすると，これらの値の合計を N でわったものが母平均 μ である[2)] 。

$$\mu = \frac{1}{N}\sum_{i=1}^{N} x_i$$

母分散は「母集団全体のデータが母平均からどれだけ散らばっているか」を測定する指標である[3)]。これは，「テストの得点が平均点から平均的にどれだけ離れているか？」という問いに対する答えともいえる[4)]。母分散は母集団の各データから母平均をひき，その値を 2 乗し，さらに，その平均をとって得られる。具体的には，次の式で定義される。

$$\sigma^2 = \frac{1}{N}\sum_{i=1}^{N}(x_i - \mu)^2 \tag{12.1}$$

ここで，σ^2 は母分散，N は観測数，x_i は母集団の各データ，μ は母平均を表す。

図 12.1 に着目すると，各 i に対して，x_i と μ の値の差が大きいほど，観測値が母平均を真ん中として左右に散らばっている様子が見て取れる。この図からわかるように，母分散が大きいということは，データの値が母平均から大きく散らばっていることを意味する。つまり，データが母平均から大きく離れて分布していることを示している。逆に，母分散が小さい場合，データは母平均の近くに集中しているといえる。これは，データのばらつきや変動性を理解するための重要な手がかりとなる。

---

2) これは母集団全体を代表する「典型的な」値を見つけるために使用される。例えば，ある中学校の 1 学年全体を母集団とし，この学年で行われたテストが考察対象であるとすると，母平均は学年全体のテストの平均点となる。

3) データの散らばり具合は，データの平均値の次に大事な量である。

4) 例えば，中学生のときに，英語のテストが返ってきたときのことを思い出してみよう。このときまず最初に気になるのは，テストの平均点である。そして次に気になるのは，得点が高かった人や低かった人がどれくらいいたか，つまり，得点が平均点からどれだけ上下にずれているかである。このずれの度合いを測るのが分散（または標準偏差）である。

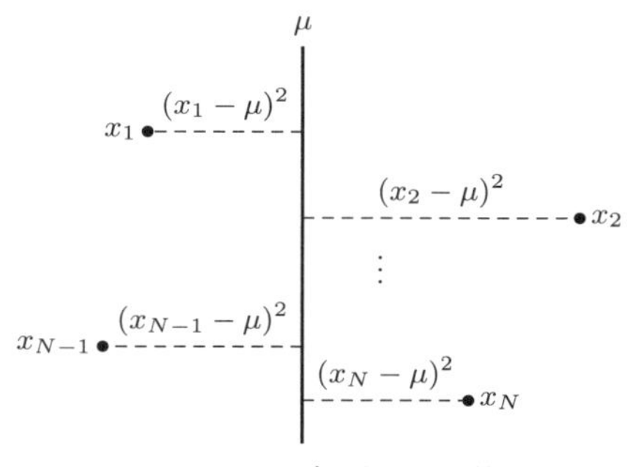

図 12.1　(12.1) に現れる各項の母平均 μ からのずれ

12.1.3　標本平均と不偏分散

統計学では，しばしば標本から母集団のパラメータ（母平均や母分散など）を推定する必要がある。「母平均と標本平均の主な違い」や「母分散と不偏分散の主な違い」は，母平均や母分散が母集団全体のデータを用いて計算されるのに対し，標本平均や不偏分散が標本のデータのみを用いて計算されるという点である。以下では，標本の要素を $x_1, x_2, \ldots, x_n$ とし，標本平均と不偏分散の順に説明しよう。

まず，**標本平均**は標本内のデータの平均値を表し，具体的には次の式で定義される[5)]。

$$\overline{x} = \frac{1}{n}\sum_{i=1}^{n} x_i$$

また，**不偏分散**は「標本内のデータが標本平均からどれだけ散らばってるか」を示す数値である。不偏分散の計算方法は，母分散の計算方法とは少し異なる。標本平均を $\overline{x}$ とすると，不偏分散 s^2 は次のように表される[6)]。

$$s^2 = \frac{1}{n-1}\sum_{i=1}^{n}(x_i - \overline{x})^2$$

[5)] 標本平均は，しばしば母平均を推定するために使用される。

[6)] 不偏分散の分母の $n-1$ を n としたもの，すなわち，$\frac{1}{n}\sum_{i=1}^{n}(x_i-\overline{x})^2$ を**標本分散**とよぶ。標本分散を s^2 で表すこともある。

ここで，母平均のときは n であった分母が $n-1$ となっていることに注意しよう。これは**ベッセルの補正**とよばれるもので，標本平均 $\overline{x}$ が母集団の真の平均 μ を完全には反映できないため，その影響を補正するためのものである[7)8)]。

12.1.4　標準偏差

標準偏差は，分散の平方根として定義され，データが平均値からどれだけ散らばっているかを表す指標である。分散と同様に，標準偏差もデータのばらつきや変動性を理解するための重要な手がかりとなる。標準偏差が大きいほど，データは平均値から広く散らばっているといえる。逆に，標準偏差が小さいほど，データは平均値の近くに集中しているといえる。**母集団の標準偏差（母標準偏差）**σ と**標本の標準偏差（標本標準偏差）**s は，それぞれ母集団の分散 σ^2 と標本の分散 s^2 の平方根として計算される。具体的には，次の式で与えられる。

$$\sigma = \sqrt{\frac{1}{N}\sum_{i=1}^{N}(x_i-\mu)^2}, \quad s = \sqrt{\frac{1}{n-1}\sum_{i=1}^{n}(x_i-\overline{x})^2}$$

12.2　確率に基づく統計的概念

12.2.1　確率に基づく定義の必要性

12.2 節では，前節で説明した母平均や母分散などといった概念を，確率の観点から抽象化した概念（期待値と分散）について説明する。このような概念について学習する前に，期待値や分散に対応する統計的概念（母平均や母分散）がすでにあるにもかかわらず，なぜ確率的定義が必要なのかについて，若干の説明をすることからはじめよう。

前節で述べた母平均や母分散などの定義は，テストの点数のような実際の

---

7) n が十分大きい場合，$1/(n-1)$ であるか $1/n$ であるかは，実際上はあまり気にする必要はない。例えば，$n=100$ のとき，$1/(n-1)=1/99$ と $1/n=1/100$ は（数学的というよりは，むしろ人間の感覚の問題として），それほど大きな違いはない。

8) なお，s^2 が σ^2 の不偏推定量となることが知られている。不偏推定量について本書では説明しないが，興味のある読者は，12.2 節を学習した上で [2] などを参照されたい。

データがある場合は有効である。しかし，まだデータが存在しない場合，または，さいころの出目の予測や明日の天気の予測を立てる必要がある場合はどうだろうか。このような場合には，具体的なデータが存在しないため，実際のデータ（数値）を用いた定義だけでは不十分であり，少し抽象化した概念を用意しておく必要がある。

確率に基づく期待値や分散の定義は，具体的なデータが存在する場合だけでなく，あらゆる状況を扱うことができるため，より一般的である。可能性のある結果の集合が有限であろうと無限であろうと，また離散的な確率変数であろうと連続的な確率変数であろうと[9)]，確率に基づく定義は適用可能である。このような適用範囲の広さが，確率に基づく定義が必要とされる主な理由である。

また，単一の母集団だけでなく，複数の母集団やそれらの間の関係性を考えるような複雑な状況においても，確率に基づく定義は有用である。例えば，複数の母集団間で比較を行う場合や，母集団が時間とともに変化する場合などにおいて，確率に基づく定義を用いることで，より深い理解と予測が可能となる。このような観点からも，確率に基づく定義の重要性が理解できるだろう。以下では，確率について説明し，その後，期待値や分散の定義を示すことにする。

12.2.2　確率

確率とは，ある事象が起こる可能性を数値化したものである。確率は0から1の間の実数で表され，0は事象が全く起こらないことを，1は事象が確実に起こることを表す。例として，1枚の公正なコインを投げることを考えてみよう。コインを投げると，表か裏のどちらかが出る。これらは起こり得る事象が全部で2通りあることを示している。コインが表である確率を求めると，表が出る場合の数（この場合は1通り）をすべての可能な事象の場合の数（表または裏の2通り）でわれば，表が出る確率を求めることができる。初等的な意味

9) 離散的な変数とは，$1, 2, 3, 4, \ldots$ のようなとびとびの値をとる変数を指し，連続的な変数とは0以上1以下の実数というように連続的な値をとる変数を指す。これらは対照的な概念である。

での確率は，各々の事象の出方が同様に確からしいとき，興味のある事象の場合の数をすべての事象の場合の数でわったものとして定義される[10)]。

このような確率を扱う際に，**確率変数**[11)]（ランダムな事象の結果に基づいて値が決定される変数）を用いることがよくある。確率変数はさまざまな値をとり，それぞれが特定の**確率分布**（確率変数のとりうる値とその値をとる確率との対応関係）と関連している。確率変数は通常 X, Y, Z のような大文字で表される。また，確率変数の実際の結果，つまり，ランダムな事象が起こった後に観察された値は**実現値**とよばれ，これは通常 x, y, z のような小文字で表される。

12.2.3　期待値

期待値とは，確率変数の可能な結果の**加重平均**であり，とりうるすべての値とそれが起こる確率の積をすべてたし合わせることで計算される。詳しく説明しよう。確率変数を X とし，実現値

$$x_1, x_2, \ldots, x_n$$

を確率

$$\mathrm{P}(x_1), \mathrm{P}(x_2), \ldots, \mathrm{P}(x_n)$$

でとったとする[12)]。このとき，X の**期待値**は $\mathrm{E}[X]$ と表され[13)]，次のように定義される。

$$\mathrm{E}[X] = \sum_{i=1}^{n} x_i \cdot \mathrm{P}(x_i)$$

---

10) ある試行において，どの事象が起こることも同程度に期待できるとき，これらの事象は**同様に確からしい**という。このような試行で，起こりうるすべての場合の数を N，事象 A の起こる場合の数を a とするとき，a/N を事象 A の確率という。ここでは同様に確からしいということが重要で，それを考慮せずに確率を定義した場合，いびつなサイコロであっても，それぞれの目が出る確率が 1/6 になってしまう。

11) （やや専門家向け）本書での確率変数は，離散型のもののみを扱う。確率や確率変数をより一般的（または正確）に定義することはできるが，本書のレベルを超えるため割愛する。興味のある読者は [4] などを見よ。

12) ここでの実現値は，とりうる可能性のあるすべての実現値とし，さらにそれらは離散的であると仮定する。

13) $\mathrm{E}[X]$ の E は期待値 (expectation) の頭文字から来ている。

この期待値は，母平均や標本平均の抽象化とも捉えることができる[14)]。

例 12.1

さいころの出目を考えよう。各面 1, 2, 3, 4, 5, 6 は等確率 $\frac{1}{6}$ で出ると仮定する。$x_1 = 1, x_2 = 2, x_3 = 3, x_4 = 4, x_5 = 5, x_6 = 6$ とすれば，仮定より $\mathrm{P}(x_1) = \mathrm{P}(x_2) = \mathrm{P}(x_3) = \mathrm{P}(x_4) = \mathrm{P}(x_5) = \mathrm{P}(x_6) = \frac{1}{6}$ だから，出目の期待値 $\mathrm{E}[X]$ は，次のように計算できる。

$$
\begin{aligned}
\mathrm{E}[X] &= \sum_{i=1}^{6} x_i \cdot \mathrm{P}(x_i) \\
&= 1 \cdot \frac{1}{6} + 2 \cdot \frac{1}{6} + 3 \cdot \frac{1}{6} + 4 \cdot \frac{1}{6} + 5 \cdot \frac{1}{6} + 6 \cdot \frac{1}{6} = 3.5
\end{aligned}
$$

ここで，a, b を任意の実数としよう。このとき，次の関係が成り立つ。

$$
\mathrm{E}[aX + b] = a\,\mathrm{E}[X] + b \tag{12.2}
$$

証明　確率変数 X は，可能な実現値 x_i をそれぞれ確率 $\mathrm{P}(x_i)$ でとるとする。このとき，

$$
\mathrm{E}[aX + b] = \sum_i (ax_i + b) \cdot \mathrm{P}(x_i) = a \sum_i x_i \cdot \mathrm{P}(x_i) + b \sum_i \mathrm{P}(x_i)
$$

ただし，上記の $\sum_i$ は，i がとりうるすべての範囲を動くものとする。ここで，$\sum_i \mathrm{P}(x_i) = 1$ だから，$\mathrm{E}[aX + b] = a\,\mathrm{E}[X] + b$ となる。■

12.2.4 分散

確率における分散は，統計学における母分散と似ているが，実際のデータが平均値からどれくらい散らばっているかを見るのではなく，さいころの目のようなランダムな事象の結果が期待値からどれくらい散らばっているかを見る。

---

14) 期待値と平均値は，ほとんど同じ概念だと思っておいても大きな問題は起きない。しかしながら，より正確には，平均値は（相加平均の場合）観測値全体の和を観測度数でわった値を指し，期待値は 1 回の観測で期待される値のことを指す。

形式的には，X の**分散** $\mathrm{Var}(X)$ は次のように定義される[15]。

$$\mathrm{Var}(X) = \mathrm{E}[(X - \mathrm{E}[X])^2] \tag{12.3}$$

確率変数 X が値 $x_1, x_2, \ldots, x_n$ を確率 $\mathrm{P}(x_1), \mathrm{P}(x_2), \ldots, \mathrm{P}(x_n)$ でとる場合，期待値の定義は，E[　] の括弧 [　] の中に書いてある数と，それが起こる確率をかけたものの和であった。$\mu = \mathrm{E}[X]$ とすると (12.3) は具体的に，

$$\begin{aligned}
\mathrm{Var}(X) &= \sum_{i=1}^{n} (x_i - \mu)^2 \cdot \mathrm{P}(x_i) \\
&= (x_1 - \mu)^2 \cdot \mathrm{P}(x_1) + (x_2 - \mu)^2 \cdot \mathrm{P}(x_2) + \cdots + (x_n - \mu)^2 \cdot \mathrm{P}(x_n)
\end{aligned}$$

のように書きかえられる。

例 12.2

例 12.1 で考察したさいころの出目について，$\mathrm{E}[X] = 3.5$ であることに注意し，分散 $\mathrm{Var}(X)$ を計算してみよう。まず，分散の定義 (12.3) から，

$$\mathrm{Var}(X) = \mathrm{E}[(X - 3.5)^2]$$

である。ここで，確率変数 X のとりうる値は $x_1 = 1,\ x_2 = 2,\ \ldots,\ x_6 = 6$ で，それらが起こる確率は $\mathrm{P}(x_1) = \mathrm{P}(x_2) = \cdots = \mathrm{P}(x_6) = \dfrac{1}{6}$ だったから，

$$\begin{aligned}
\mathrm{Var}(X) &= \sum_{i=1}^{6} (x_i - 3.5)^2 \cdot \mathrm{P}(x_i) \\
&= (1 - 3.5)^2 \cdot \frac{1}{6} + (2 - 3.5)^2 \cdot \frac{1}{6} + (3 - 3.5)^2 \cdot \frac{1}{6} \\
&\qquad + (4 - 3.5)^2 \cdot \frac{1}{6} + (5 - 3.5)^2 \cdot \frac{1}{6} + (6 - 3.5)^2 \cdot \frac{1}{6} \\
&= \frac{35}{12}
\end{aligned}$$

となる。したがって，さいころの出目の分散は $\dfrac{35}{12} \approx 2.92$ である。

---

[15] Var(X) の Var は分散 (variance) の頭文字から来ている。

ここで，分散の定義は (12.3) で示されたが，実用上は次の公式を用いて計算すると便利である。

$$\mathrm{Var}(X) = \mathrm{E}[X^2] - \mathrm{E}[X]^2 \tag{12.4}$$

証明 (12.3) より，

$$\begin{aligned}\mathrm{Var}(X) &= \mathrm{E}[X^2 - 2X \cdot \mathrm{E}[X] + \mathrm{E}[X]^2] \\ &= \mathrm{E}[X^2] - 2\,\mathrm{E}[X \cdot \mathrm{E}[X]] + \mathrm{E}[\mathrm{E}[X]^2]\end{aligned}$$

となる。ここで (12.2) で $b = 0$ とすると，定数 a に対して $\mathrm{E}[aX] = a\,\mathrm{E}[X]$ が成り立つ。$a = \mathrm{E}[X]$ とみなすと，$\mathrm{E}[\mathrm{E}[X] \cdot X] = \mathrm{E}[X] \cdot \mathrm{E}[X] = \mathrm{E}[X]^2$ が成り立つから，

$$\mathrm{Var}(X) = \mathrm{E}[X^2] - 2\,\mathrm{E}[X]^2 + \mathrm{E}[X]^2 = \mathrm{E}[X^2] - \mathrm{E}[X]^2$$

となり，求める式が得られた。 ∎

例 12.3

例 12.1 で考察したさいころの出目について，(12.4) からでも分散が求まることを確認しよう。いま，$\mathrm{E}[X] = 3.5$ であることはわかっているから，分散を求めるためには，$\mathrm{E}[X^2]$ を求めて (12.4) に代入すればよい。

確率変数 X のとりうる値は $x_1 = 1$，$x_2 = 2$，…，$x_6 = 6$ で，それらが起こる確率は $\mathrm{P}(x_1) = \mathrm{P}(x_2) = \cdots = \mathrm{P}(x_6) = \dfrac{1}{6}$ だったから，

$$\begin{aligned}\mathrm{E}[X^2] &= \sum_{i=1}^{6} x_i^2 \cdot \mathrm{P}(x_i) \\ &= 1^2 \cdot \frac{1}{6} + 2^2 \cdot \frac{1}{6} + 3^2 \cdot \frac{1}{6} + 4^2 \cdot \frac{1}{6} + 5^2 \cdot \frac{1}{6} + 6^2 \cdot \frac{1}{6} = \frac{91}{6}\end{aligned}$$

となる。よって，

$$\mathrm{Var}(X) = \mathrm{E}[X^2] - \mathrm{E}[X]^2 = \frac{91}{6} - \left(\frac{7}{2}\right)^2 = \frac{35}{12}$$

となり，例 12.2 と分散の値が一致するので，(12.4) を用いても分散を求められることが確認できた。

本小節の最後に，分散について，次の公式が成り立つことを証明する。

$$\mathrm{Var}(aX+b) = a^2\,\mathrm{Var}(X)$$

証明　(12.3) より，

$$\begin{aligned}
\mathrm{Var}(aX+b) &= \mathrm{E}[\{(aX+b) - \mathrm{E}[aX+b]\}^2] \\
&= \mathrm{E}[(aX+b-a\,\mathrm{E}[X]-b)^2] \\
&= \mathrm{E}[\{a(X-\mathrm{E}[X])\}^2] \\
&= \mathrm{E}[a^2(X-\mathrm{E}[X])^2] \\
&= a^2\,\mathrm{E}[(X-\mathrm{E}[X])^2] \\
&= a^2\,\mathrm{Var}(X)
\end{aligned}$$

となる。よって，求める式が得られた。 ■

演習問題

基本問題

問 1　母平均，母分散，母集団の標準偏差とは何か説明せよ。

問 2　母集団から得た以下のデータに対して，標本平均と不偏分散を求めよ。

(1) 1, 4, 9, 16, 25, 36, 49, 64, 81, 100

(2) 1, 1, 2, 3, 5, 8, 13, 21, 34, 55

問 3　$\mathrm{E}[X] = 2$, $\mathrm{E}[X^2] = 3$ のとき，次の値を求めよ。

(1) $\mathrm{E}[3X - 2]$　　(2) $\mathrm{Var}[2X]$

問 4　1 個のさいころを投げ，出た目が X のとき $100X$ 円もらえるゲームがある。ゲームの参加料は 300 円である。このゲームを 1 回行うときの利益を Y 円とするとき，次の問いに答えよ。

(1) Y を X で表せ。

(2) Y の期待値を求めよ。

発展問題

問 5　母集団が N 個のデータ $\{x_1, x_2, \ldots, x_N\}$ で構成されているとし，その母平均を μ とする。この母集団から n 個のデータ $\{y_1, y_2, \ldots, y_n\}$ を無作為に取り出したとき，その標本平均を $\overline{y}$ とする。このとき，次の 2 つの値はどちらが一般に大きくなるか。その理由も含めて説明せよ。

- 母分散：$\sigma^2 = \dfrac{1}{N}\displaystyle\sum_{i=1}^{N}(x_i - \mu)^2$
- 標本分散：$s^2 = \dfrac{1}{n}\displaystyle\sum_{i=1}^{n}(y_i - \overline{y})^2$

問6　次の各問いに答えよ。

(1) 500円硬貨1枚と100円硬貨1枚を同時に投げて，表の出た硬貨の金額の和を X 円とする。X の期待値を求めよ。

(2) ある種子の発芽率は80％であり，この種子を400個まいたときに発芽する個数を X とする。X の期待値を求めよ。

問7　a, b を任意の実数とし，確率変数 X と Y の期待値をそれぞれ $\mathrm{E}[X]$ と $\mathrm{E}[Y]$ とする。このとき，次の式を証明せよ。

$$\mathrm{E}[aX + bY] = a\,\mathrm{E}[X] + b\,\mathrm{E}[Y]$$

問8　$\mathrm{Var}(aX + b) = a^2\mathrm{Var}(X)$ となる理由について，どのような説明が考えられるか述べよ。

キーワード

母集団，標本，母平均，母分散，母集団の標準偏差（母標準偏差），標本平均，不偏分散，標本の標準偏差（標本標準偏差），確率，確率変数，期待値，分散

第13章

回帰分析

本章では，経済学でよく使われる回帰分析の初歩について解説する。**回帰分析**とは，ある変数が他の変数とどのような相関関係にあるのかを推定する統計学的な手法の一つである。原因となる変数 x（**説明変数**）と，結果となる変数 y（**目的変数**）の間に，$y = \alpha + \beta x$ と表される直線的な関係があると仮定して，x と y の観測値から α と β を求める。この直線をもとに将来予測や要因分析を行うため，回帰分析は**計量経済学**[1] などの分野では基本的な道具である。本章では，単回帰分析を中心に解説する。

13.1　回帰分析の概要

単回帰分析とは，1つの目的変数に対して説明変数が1つである回帰分析を指す。例えば，単回帰分析は次のような場面で用いられる。

- 広告費（説明変数）をもとにした売上高（目的変数）の予測
- 両親の身長（説明変数）をもとにした子供の身長（目的変数）の予測
- 学習時間（説明変数）をもとにしたかけ算九九の習熟度（目的変数）との因果関係の検証

これらの例からもわかるように，単回帰分析は統計学における予測や因果関係の検証に用いる手法の一つであり，説明変数や目的変数といった2つの変数間の関係を調べるために使用される。具体的には，説明変数 x と目的変数 y の間に**回帰直線** $y = \alpha + \beta x$ が存在すると仮定して行われる。α は切片を表す。また，β は傾きを表し，**回帰係数**という。なお，説明変数を**独立変数**や**従属変数**，目的変数を**予測変数**や**基準変数**とよぶこともある。さらに，目的変数を**被説明変数**とよぶこともある。

---

[1] 計量経済学とは経済学の一分野で，経済や社会の実態を統計学などの方法を用いて明らかにする学問領域である。

単回帰分析を一般化したものに，**重回帰分析**がある。単回帰分析では説明変数が x のように1つだけであるのに対し，重回帰分析では説明変数が $x_1, x_2, \ldots, x_n$ のように複数ある。単回帰分析と重回帰分析を総称して**回帰分析**とよぶ。回帰分析はExcelなどの表計算ソフトウェアを使って行うことも可能である。

回帰分析の主な流れは，次の通りである。

1. 目的変数を決める。
2. 説明変数を見つける。
3. 分析に必要なデータを集める。
4. 数式にあてはめて計算をする。
5. 4での計算をもとに因果関係や結果を予測する。

ただし，通常は一度の分析でよい結果が得られるとは限らず，さまざまな仮定のもとで，何度も実行することが必要である。

また，回帰分析の主な注意点として，以下のようなものがある。

1. 説明変数の見落とし：
説明変数が見落とされていても，一時的に回帰分析でよい結果が得られることがある。例えば，特定の商品がSNS（ソーシャルネットワーキングサービス）などで大きな注目を集め，商品が突然在庫切れになった場合を考えるとよい。仮に，このような場合，宣伝効果が説明変数として含まれていなければ，正確な予測や分析はできないだろう。説明変数の正確な識別は，結果の精度を向上させるために重要である。
2. トレンドの感度：
回帰分析は**トレンド**[2]に敏感である。トレンドによってよい結果が得られた場合，それを変数として除去する必要がある。そうしなければ，適切な分析から逸脱する可能性がある。トレンドの背景には，「テレビでトレンドが特集された」，「雑誌で製品が紹介された」，「インフルエンサーがSNS

[2] 時代の趨勢や潮流，流行のことをトレンドという。金融などの文脈では，相場の大きな方向性や傾向の意として使われる。

上でそれについて投稿した」などがある。

3. 周期性・季節性・ノイズ：
これらもまた分析結果が不正確になる要因である。**周期性**は，特定の現象が一定の時間間隔で発生することを指す。これは4年に1度開催されるオリンピックの経済効果などを考えると，容易に理解できるだろう。また，**季節性**は，夏にアイスクリームの販売が増えるなどの季節変動を指す。**ノイズ**は，分析の目的にとって不必要な情報を指す。

これらは回帰分析の結果を歪める可能性があるため，注意が必要である。次節以降では，最も単純な単回帰分析に絞って，詳しく説明することにしよう。

13.2 単回帰分析

13.2.1 単回帰分析の具体例

飲料を提供する個人店を運営しているとする。近所に看板をたくさん立てるなど，広告にたくさんのお金をかければかけるほど，より多くの人が店に来る（すなわち，集客の増加が見込める）可能性が高まる。ここで我々が試みたいことは，広告費を増やすことが売上をどの程度増加させるかを正確に把握することである。

例えば，過去4年間の広告費と集客数の関係は，次の左の表の通りであったと仮定し[3)]，この表をもとに，広告費と集客数の関係を予測する式を求めよう。計算を簡略化するため，単位をおきかえた右の表で考える。なお，左の表のxやy，右の表の$10x$や$100y$などの量を**変量**とよぶことがある。変量とは，調査対象の性質を数値で表したものである。

広告費x万円	10	20	30	40
集客数y人	200	400	600	800

広告費$10x$万円	1	2	3	4
集客数$100y$人	2	4	6	8

3) ここでは，非常に単純化した仮想的な状況を考えている。

過去4年間の広告費xと集客数yのデータを座標平面上に（点として）とると，図13.1のA, B, C, Dのようになる。これを**散布図**という。ここで，これら4点がある直線の近くに並んでいることを鑑みて，広告費xと集客数yの関係が直線

$$y = \alpha + \beta x$$

であると仮定する。過去4年間の広告費と集客数を表す4つの点と直線$y = \alpha + \beta x$について，離れ具合いEを次の式で定義する。

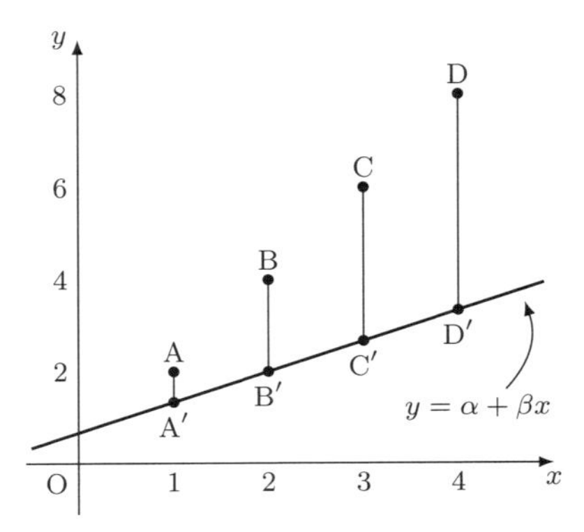

図13.1　広告費と集客数のデータ

$$\begin{aligned} E &= \mathrm{AA'}^2 + \mathrm{BB'}^2 + \mathrm{CC'}^2 + \mathrm{DD'}^2 \\ &= (\alpha + \beta - 2)^2 + (\alpha + 2\beta - 4)^2 + (\alpha + 3\beta - 6)^2 + (\alpha + 4\beta - 8)^2 \end{aligned}$$

このEは，与えられたデータとそのときの予想式のy座標との差を2乗した合計を表している。Eの値が小さくなればなるほど，データと直線の離れ具合は小さくなり，直線はデータの状況をよりよく表していることがわかるだろう。

それでは，このEが最小となるaとbの値を求めよう。式を整理すると，

$$E = 4\alpha^2 + 20\alpha\beta - 40\alpha + 30\beta^2 - 120\beta + 120$$

となる。Eの最小値を求めるために，aとbを一旦変数であると考えて偏微分すると，

$$\begin{cases} \dfrac{\partial E}{\partial \alpha} = 8\alpha + 20\beta - 40 \\ \dfrac{\partial E}{\partial \beta} = 20\alpha + 60\beta - 120 \end{cases}$$

となる。よって，

$$\begin{cases} 8\alpha + 20\beta - 40 = 0 \\ 20\alpha + 60\beta - 120 = 0 \end{cases}$$

を解くと，$\alpha = 0, \beta = 2$ のとき，E は最小値をとることがわかる。したがって，この例の場合は，広告費 x と集客数 y の関係は直線 $y = 2x$ で近似できる[4)]。この状況は非常に単純化されたものであるが，次小節では，少しだけ一般化した状況で，同じ問題を考えてみよう。

13.2.2 一般化された単回帰分析

前小節と同様に，飲料を提供する個人店を運営しているとし，過去4年間の広告費と集客数の関係は，次の表の通りであったと仮定する。また，$x_1, \ldots, x_4$ と $y_1, \ldots, y_4$ は，過去の状況から得られたデータとし[5)]，広告費 x と集客数 y の関係が直線 $y = \alpha + \beta x$ で表されると仮定して考察する。

広告費 x 万円	x_1	x_2	x_3	x_4
集客数 y 人	y_1	y_2	y_3	y_4

過去4年間の広告費と集客数を表す4つの点と直線 $y = \alpha + \beta x$ について，離れ具合い E を次の式で定義する。

$$
\begin{aligned}
E = (\alpha + \beta x_1 - y_1)^2 + (\alpha + \beta x_2 - y_2)^2 \\
+ (\alpha + \beta x_3 - y_3)^2 + (\alpha + \beta x_4 - y_4)^2
\end{aligned}
\tag{13.1}
$$

E の値が小さくなればなるほど，データと直線の離れ具合は小さくなり，直線はデータの状況をよりよく表していると考えられるため，この E が最小となる α と β の値を求める。

ここで，計算の見通しをよくするため，

$$
\overline{x} = \frac{1}{4}(x_1 + x_2 + x_3 + x_4), \qquad \overline{y} = \frac{1}{4}(y_1 + y_2 + y_3 + y_4),
$$

$$
\overline{x^2} = \frac{1}{4}(x_1^2 + x_2^2 + x_3^2 + x_4^2), \qquad \overline{y^2} = \frac{1}{4}(y_1^2 + y_2^2 + y_3^2 + y_4^2),
$$

$$
\overline{xy} = \frac{1}{4}(x_1 y_1 + x_2 y_2 + x_3 y_3 + x_4 y_4)
$$

---

4) $y = 2x$ が最良の近似であることは，もちろん図13.1を見ればグラフから容易にわかるが，このような方法で考察すれば，図からは結論がわからない場合も考察できる。

5) $x_1, \ldots, x_4$ と $y_1, \ldots, y_4$ が具体的な数値ではない点が一般化である。

とおく[6]。(13.1) を整理すると，

$$E = 4(\alpha^2 + 2\alpha\beta\,\overline{x} - 2\alpha\overline{y} + \beta^2\,\overline{x^2} - 2\beta\,\overline{xy} + \overline{y^2}\,)$$

となる。E の最小値を求めるために，α と β を一旦変数であると考えて偏微分すると，

$$\frac{\partial E}{\partial \alpha} = 8(\alpha + \beta\,\overline{x} - \overline{y}), \quad \frac{\partial E}{\partial \beta} = 8(\alpha\,\overline{x} + \beta\,\overline{x^2} - \overline{xy})$$

となる。よって，$\dfrac{\partial E}{\partial \alpha} = \dfrac{\partial E}{\partial \beta} = 0$，すなわち，

$$\begin{cases} \alpha + \beta\,\overline{x} - \overline{y} = 0 & (13.2) \\ \alpha\,\overline{x} + \beta\,\overline{x^2} - \overline{xy} = 0 & (13.3) \end{cases}$$

を解けばよい。(13.2) の両辺に $\overline{x}$ をかける。

$$\alpha\,\overline{x} + \beta(\overline{x})^2 - \overline{x}\cdot\overline{y} = 0 \tag{13.4}$$

(13.3) − (13.4) を計算すると，

$$\beta\left\{\,\overline{x^2} - (\overline{x})^2\right\} - (\overline{xy} - \overline{x}\cdot\overline{y}) = 0$$

となり，$\beta = \dfrac{\overline{xy} - \overline{x}\cdot\overline{y}}{\overline{x^2} - (\overline{x})^2}$ を得る。また，この β を (13.2) に代入することによって，α の値も得られる。

計算結果をまとめると，

$$\alpha = \overline{y} - \left(\frac{\overline{xy} - \overline{x}\cdot\overline{y}}{\overline{x^2} - (\overline{x})^2}\right)\cdot\overline{x}, \quad \beta = \frac{\overline{xy} - \overline{x}\cdot\overline{y}}{\overline{x^2} - (\overline{x})^2}$$

となる。このとき，E は最小値をとることがわかる。以上から，広告費 x と集客数 y の関係は，この α と β を使って直線 $y = \alpha + \beta x$ で近似できる。

---

[6] 本文での $\overline{x}$ は，12.1 節で定義したように $x_1, \ldots, x_4$ の平均を表している。なお，$\overline{xy} \neq \overline{x}\cdot\overline{y}$ であることに注意せよ。

より一般に，n 個のデータが次の表のように与えられたときを考えてみよう。

広告費 x 万円	x_1	x_2	$\cdots$	x_n
集客数 y 人	y_1	y_2	$\cdots$	y_n

このとき，

$$E = (\alpha + \beta x_1 - y_1)^2 + (\alpha + \beta x_2 - y_2)^2 + \cdots + (\alpha + \beta x_n - y_n)^2 \quad (13.5)$$

である。

$$\overline{x} = \frac{1}{n}(x_1 + x_2 + \cdots + x_n), \qquad \overline{y} = \frac{1}{n}(y_1 + y_2 + \cdots + y_n),$$

$$\overline{x^2} = \frac{1}{n}(x_1^2 + x_2^2 + \cdots + x_n^2), \qquad \overline{y^2} = \frac{1}{n}(y_1^2 + y_2^2 + \cdots + y_n^2),$$

$$\overline{xy} = \frac{1}{n}(x_1 y_1 + x_2 y_2 + \cdots + x_n y_n)$$

とおくと，同様の計算により，

$$\alpha = \overline{y} - \left(\frac{\overline{xy} - \overline{x} \cdot \overline{y}}{\overline{x^2} - (\overline{x})^2} \right) \cdot \overline{x}, \quad \beta = \frac{\overline{xy} - \overline{x} \cdot \overline{y}}{\overline{x^2} - (\overline{x})^2} \quad (13.6)$$

とわかる。この α, β を用いて，直線 $y = \alpha + \beta x$ でデータを近似できる[7)]。

13.3　公式を用いた分析

自動車の重量 x が，自動車の燃費 y にどのように影響するかについて考えよう。我々はこれら 2 つの変数間に関係を見つけようとしている。線形の関係（直線的な関係）を仮定し，目標とする関係が，次のような式で表せると仮定する。

$$y = \alpha + \beta x \qquad (\alpha \text{ と } \beta \text{ は定数})$$

---

7) $S_{x,y} = \frac{1}{n}\sum_{i=1}^{n}(x_i - \overline{x})(y_i - \overline{y})$, $S_{x,x} = \frac{1}{n}\sum_{i=1}^{n}(x_i - \overline{x})^2$ とおくと，(13.6) はさらに $\alpha = \overline{y} - \frac{S_{x,y}}{S_{x,x}} \cdot \overline{x}$, $\beta = \frac{S_{x,y}}{S_{x,x}}$ と書きかえられることが知られており，この表記もしばしば用いられる。意欲のある読者は，実際にこのように書きかえられることを確かめてみるとよいだろう。

自動車の重量と燃費のデータを次の表のように仮定し，公式 (13.6) を使って α と β を求める。なお，表の重量の単位 t はトン (1 t = 1000 kg) を表してる。

重量 x t	1.0	1.5	2.0	2.5	3.0
燃費 y km/L	15	10	7	5	3

まず，必要な値を計算する。

- $n = 5$
- $\overline{x} = \frac{1}{5}(1.0 + 1.5 + 2.0 + 2.5 + 3.0) = 2$
- $\overline{y} = \frac{1}{5}(15 + 10 + 7 + 5 + 3) = 8$
- $\overline{x^2} = \frac{1}{5}(1.0^2 + 1.5^2 + 2.0^2 + 2.5^2 + 3.0^2) = 4.5$
- $\overline{xy} = \frac{1}{5}(1.0 \times 15 + 1.5 \times 10 + 2.0 \times 7 + 2.5 \times 5 + 3.0 \times 3) = 13.1$

次に，これらの値を公式 (13.6) に代入して α と β を求める。

$$\frac{\overline{xy} - \overline{x} \cdot \overline{y}}{\overline{x^2} - (\overline{x})^2} = \frac{13.1 - 16}{4.5 - 4} = -5.8$$

だから，

$$\alpha = 8 - (-5.8) \cdot 2 = 19.6, \quad \beta = -5.8$$

となる。したがって，求めたい回帰直線の式は $y = 19.6 - 5.8x$ である。

これは，自動車の重量が増えると燃費が下がることを示している。具体的には，重量が 1 t 増えると，燃費が $\beta = 5.8$ km/L 下がるということを意味する。また，$\alpha = 19.6$ は，重量が 0 t のときの燃費を示している（実際には存在しない値だが，回帰直線の切片として解釈する）。

以上が公式を用いた単回帰分析の例である。この公式から回帰直線を求めることで，実際のデータから傾向を予測することができる。ただし，単回帰分析はあくまで一つの指標であり，他の要素が影響を及ぼす可能性も考慮する必要がある。また，図 13.2 を見るとわかるように，求めた直線はあくまでデータをもとにした近似（予測）であって，完全に現実の現象を定めるものではないことにも注意が必要である。

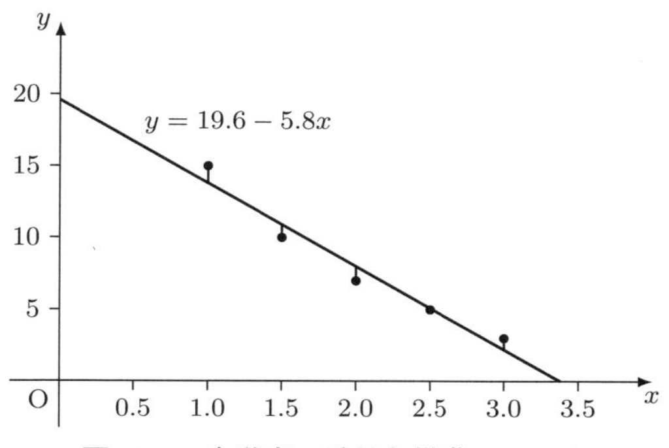

図 13.2　自動車の重量と燃費のデータ

演習問題

基本問題

問1　次の表は，同じ種類の5本の木の太さ x と高さ y を測定した結果である。

x cm	20	23	28	30	34
y m	15	14	16	19	21

(1) 2つの変量 x, y の散布図をかけ。

(2) 2つの変量 x, y の回帰直線を求めよ。また，その回帰直線を (1) の散布図に重ねてかけ。

問2　次の表は，家賃 x と家の広さ y のデータである。

家賃　　x 万円	9	5	11	3	7
家の広さ y m^2	30	20	35	15	25

(1) 2つの変量 x, y の散布図をかけ。

(2) 2つの変量 x, y の回帰直線を求めよ。また，その回帰直線を (1) の散布図に重ねてかけ。

発展問題

問3　ある企業の広告費 x と売上高 y のデータが，次の表のように与えられている。

広告費 100 x 万円	10	20	30	40	50	60
売上高 100 y 万円	100	150	180	220	260	300

(1) 2つの変量 x, y の散布図をかけ。

(2) 2つの変量 x, y の回帰直線を求めよ。また，その回帰直線を (1) の散布図に重ねてかけ。

(3) 決定係数 R^2 を計算し，(2) で求めた回帰直線がデータをどの程度説明しているか評価せよ。なお，**決定係数** R^2 は回帰直線がデータをどの程度説明できているかを示す指標であり，次の式で定義される。

$$R^2 = 1 - \frac{\sum_{i=1}^{n}(y_i - \hat{y}_i)^2}{\sum_{i=1}^{n}(y_i - \bar{y})^2}$$

ここで，回帰直線を $y = \alpha + \beta x$ とすると，y_i は観測値，$\hat{y}_i$ $(= \alpha + \beta x_i)$ は回帰直線による予測値，$\overline{y}$ は観測値の平均である。

注　R^2 の値は 0 から 1 の範囲をとり，$R^2 = 1$ の場合，すべてのデータ点が回帰直線上に位置し，モデルが完全にデータを説明していることを意味する。R^2 が大きいほど，モデルの説明力が高いことを表す。

キーワード

変量，散布図，回帰分析，単回帰分析，重回帰分析，回帰直線

ポール・アンソニー・サミュエルソン

ポール・アンソニー・サミュエルソンは，1915年にアメリカのインディアナ州で生まれた20世紀を代表する経済学者である。シカゴ大学で学び，1935年に文学士号，1936年に文学修士号を取得した後，ハーバード大学でさらに学び続け，1941年に哲学博士号を取得した。

サミュエルソンは，経済理論のほぼすべての分野において，多大な貢献をしたことで知られており，1970年にアメリカ人として初めてノーベル経済学賞を受賞した。彼は，経済学における数学の重要性を強調し，経済学者にとって数学は「自然言語」であると考えた。彼の著書『経済分析の基礎』は，経済学における数学的アプローチを確立する上で大きな影響を与え，1948年に出版された教科書『Economics: An Introductory Analysis』[11]は，経済学史上，最も売れた教科書として有名である。

サミュエルソンは，ケネディ大統領やジョンソン大統領の経済アドバイザーとしても活躍し，米国財務省，予算局，大統領経済諮問委員会のコンサルタントも務め，2009年12月13日，マサチューセッツ州でその生涯を閉じた。彼の遺した知見と著作は，いまなお多くの人々に影響を与え続けている。

ジョン・フォーブス・ナッシュ

ジョン・フォーブス・ナッシュは，1928年6月13日，アメリカのウェストバージニア州の中流家庭に生まれた。幼少期から人付き合いが苦手で「知恵遅れ」とあだ名をつけられたが，両親は彼の学問的な才能を認めていた。ナッシュは1948年にカーネギー工科大学（現在のカーネギーメロン大学）で数学の学士号と修士号を取得し，その後1950年にプリンストン大学で博士号を取得した。

ナッシュの研究は，ゲーム理論，微分幾何学，偏微分方程式などの多岐にわたる。その中でもとくに，非協力ゲーム理論におけるナッシュ均衡の定義と性質が有名であり，その貢献によって1994年，ラインハルト・ゼルテンおよびジョン・ハーサニーと共にノーベル経済学賞を受賞した。

ナッシュは，その生涯の数十年にも及ぶ間，妄想型統合失調症という重度の精神疾患に苦しめられた。それでも彼は晩年，驚くべき回復を見せ，数学への貢献を続けた。彼は2015年に，非線形偏微分方程式の理論とその幾何学的解析への応用に関する研究によって，アーベル賞を受賞した。悲劇的なことに，彼が亡くなったのは，オスロで行われたこの授賞式からの帰路，妻のアリシアと共に乗っていたタクシーが交通事故を起こしたことによるものであった。

第14章 ゲーム理論

ゲーム理論は，相互に依存する複数のプレイヤーの行動や意思決定のパターンを研究するために用いる理論的枠組みである[1)]。この理論を用いることで，個々のプレイヤーの意思決定が他者にどのような影響を及ぼし，逆に，どのように他者の意思決定が自身に影響を及ぼすかという相互作用を論理的に考察することができる。ゲーム理論には，協力ゲームと非協力ゲーム，展開型であるかないかなど，さまざまな枠組みが知られている。本書では最も単純なプレイヤーが2人の展開型でない**非協力ゲーム**を中心に説明する[2)]。

14.1 2人ゲーム

14.1.1 ゲーム理論とは

将棋や五目並べのようなゲームを考えてみよう。これらのゲームでは，自分の選ぶ手や戦略は相手の出方に大きく左右される。例えば，将棋で，相手がある駒を動かしたら，それに応じて自分はどの駒を動かすかを決めるだろう。すなわち，自分の選ぶ手は，ゲームのルールだけで決まるのではなく，相手が選んだ手にも依存する。自分の決断が相手に影響され，逆に，相手の決断が自分の決断に影響されるという一連の流れは，多くのゲームに存在する重要な特徴である。

ゲーム理論的な考え方は，単純なゲームだけに限らず，ビジネスや政治，マーケティング，マッチング理論[3)]など，さまざまな状況で活用できる。例え

1) ゲーム理論はフォン・ノイマンが創始した。彼が経済学者モルゲンシュテルンと共同で執筆した『ゲームと経済行動の理論』(1944年) は，ゲーム理論の金字塔となった。

2) ゲーム理論についてより詳しく学びたい読者は，[14, 15, 16] を参照されたい。

3) 複数の人の好みや希望を考えて，最適なペアづくりを考える経済学の分野。マッチング理論は，男女のパートナー選びやドナー提供に関する問題，医師臨床研修のマッチングなどに利用できる。

ば，ビジネスの世界では，企業は競合他社の反応を予測し，戦略を練り，意思決定を行う。政治の世界では，政治家は有権者の反応を予測し，選挙戦略を立てる。これらは将棋や五目並べで次の一手を考えるのと同じような考え方である。

数学的に定式化されたこれらのプロセスは，我々が直面する多くの問題を解決するための有力な手段となり得る。以降の説明では，最も単純な2人のプレイヤーPとQが存在する**2人ゲーム**を中心に，より詳しくゲーム理論の基礎について見ていこう[4)]。

14.1.2　利得行列

まず，利得行列について説明する。あるゲームのある局面において，2人のプレイヤーPとQには，それぞれ2つの**戦略**AとBの選択肢があるとし，2人は同時かつ独立にどちらかの戦略を選ぶとする。**利得行列**とよばれる下の表[5)]には，各プレイヤーの**利得**（うれしさを数値化したもの）が表示されている。すなわち，PとQの利得の組を(x, y)と表すとき，Pの利得はx，Qの利得はyである。例えば，Pが戦略Aを選びQが戦略Aを選んだとき，それぞれの利得はp_{11}とq_{11}となる。

	Qが戦略Aを選ぶ	Qが戦略Bを選ぶ
Pが戦略Aを選ぶ	(p_{11}, q_{11})	(p_{12}, q_{12})
Pが戦略Bを選ぶ	(p_{21}, q_{21})	(p_{22}, q_{22})

(p_{11}, q_{11}), (p_{12}, q_{12})などの利得行列の各項目に具体的な数字を代入することで，ゲームの状況をより具体的に表すことができる。このような利得行列を用いることで，各プレイヤーは自分の利得を最大化する戦略を視覚化し，わかりやすく考察することができる。

14.1.3　利得関数

参加するプレイヤーがPとQである2人ゲームを考え，Sをそれぞれプレイ

4) より一般的なn人ゲームについては，[14, 15, 16]などを参照されたい。
5) これは行列とは異なる形状をした「表」であるが，慣例的に利得行列とよぶ。

ヤーが選択できる戦略の集合とする[6)]。各プレイヤーは S の中から1つの戦略を選び，それに従って各プレイヤーが得る利得が決定される。このとき，各プレイヤーの利得は，次のような**利得関数**で表される[7)]。

$$\begin{aligned} u_{\mathrm{P}} &= u_{\mathrm{P}}(s_{\mathrm{P}}, s_{\mathrm{Q}}) \\ u_{\mathrm{Q}} &= u_{\mathrm{Q}}(s_{\mathrm{P}}, s_{\mathrm{Q}}) \end{aligned} \qquad (s_{\mathrm{P}},\ s_{\mathrm{Q}} \in S)$$

ここで，u_{P} と u_{Q} はPとQの利得を表し，s_{P} と s_{Q} はそれぞれPとQが選んだ戦略を表す変数である[8)]。

例 14.1　寡占市場の価格

ある製品を販売している会社がP社とQ社しかなく，両社の製品とも同一の性能をもっているとする。この製品の両社の販売価格は同じだが，各社は値下げして販売できるとする。また，両社がもとの価格を維持して発売した場合，各社の利益は30億円になるとする。

P社が値下げして販売した場合，需要は一気にP社にシフトし，P社の利益は50億円に増加し，Q社の利益は10億円に減少するとする。逆に，Q社が値下げして販売した場合，Q社の利益は50億円，P社の利益は10億円になるとする。また，両社とも値下げすれば，各社の利益は20億円になるとする。この関係をまとめると，次のような利得行列が得られる。

P社＼Q社	価格維持	値下げ
価格維持	$(30, 30)$	$(10, 50)$
値下げ	$(50, 10)$	$(20, 20)$

このことを少し数学的に述べよう。戦略Aを価格維持，戦略Bを値下げ

6) 例えば，$S = \{\mathrm{A}, \mathrm{B}\}$ のとき，各プレイヤーは戦略A，Bのいずれかを選択できる。$S = \{\mathrm{A}, \mathrm{B}, \mathrm{C}\}$ のとき，各プレイヤーは戦略A，B，Cのいずれかを選択できる。各プレイヤーごとに異なった戦略をとることができる状況（例えば，Pは戦略の集合 S，Qは戦略の集合 V から戦略を選べる状況）も考えることができるが，本書ではすべてのプレイヤーがとれる戦略の集合は同一であるものだけを考える。

7) この式は，u_{P} は s_{P} と s_{Q} を変数とする関数という意味である。$y = f(x, y)$ と書けば，関数 y は x と y を変数とする関数であることと同じ意味である。

8) つまり，u_{P} と u_{Q} は，$(s_{\mathrm{P}}, s_{\mathrm{Q}})$ という戦略の組から実数への写像 $S^2 \longrightarrow \mathbb{R}$ である。S^2 については，14.2節の脚注12を見よ。

とする。u_{P} と u_{Q} はどちらも定義域を $S = \{\mathrm{A}, \mathrm{B}\}$，値域を実数全体とする2変数関数であり，具体的には次のように表される。

$$u_{\mathrm{P}}(s_{\mathrm{P}}, s_{\mathrm{Q}}) = \begin{cases} 30 & ((s_{\mathrm{P}}, s_{\mathrm{Q}}) = (\mathrm{A}, \mathrm{A}) \text{ のとき}) \\ 10 & ((s_{\mathrm{P}}, s_{\mathrm{Q}}) = (\mathrm{A}, \mathrm{B}) \text{ のとき}) \\ 50 & ((s_{\mathrm{P}}, s_{\mathrm{Q}}) = (\mathrm{B}, \mathrm{A}) \text{ のとき}) \\ 20 & ((s_{\mathrm{P}}, s_{\mathrm{Q}}) = (\mathrm{B}, \mathrm{B}) \text{ のとき}) \end{cases},$$

$$u_{\mathrm{Q}}(s_{\mathrm{P}}, s_{\mathrm{Q}}) = \begin{cases} 30 & ((s_{\mathrm{P}}, s_{\mathrm{Q}}) = (\mathrm{A}, \mathrm{A}) \text{ のとき}) \\ 50 & ((s_{\mathrm{P}}, s_{\mathrm{Q}}) = (\mathrm{A}, \mathrm{B}) \text{ のとき}) \\ 10 & ((s_{\mathrm{P}}, s_{\mathrm{Q}}) = (\mathrm{B}, \mathrm{A}) \text{ のとき}) \\ 20 & ((s_{\mathrm{P}}, s_{\mathrm{Q}}) = (\mathrm{B}, \mathrm{B}) \text{ のとき}) \end{cases}$$

ゲーム理論において**ゼロ和ゲーム**とは，プレイヤーPとQの利得の和がつねに0になるゲームのことであり，ゼロ和ゲームでないゲームのことを**非ゼロ和ゲーム**という。PとQの利得関数をそれぞれ

$$u_{\mathrm{P}} = u_{\mathrm{P}}(s_{\mathrm{P}}, s_{\mathrm{Q}}),$$
$$u_{\mathrm{Q}} = u_{\mathrm{Q}}(s_{\mathrm{P}}, s_{\mathrm{Q}})$$

とする。2人のゼロ和ゲームでは $u_{\mathrm{P}} + u_{\mathrm{Q}} = 0$ となるから，Qの利得関数は次のように表される。

$$u_{\mathrm{Q}}(s_{\mathrm{P}}, s_{\mathrm{Q}}) = -u_{\mathrm{P}}(s_{\mathrm{P}}, s_{\mathrm{Q}})$$

14.2　支配戦略とナッシュ均衡・パレート最適

14.2.1　支配戦略

プレイヤーPの戦略Aが，あらゆる状況でPの別の戦略Bよりも，Pにとってよい結果をもたらすならば，戦略Aは戦略Bを支配しているという。また，このような関係のことを**支配関係**という。支配戦略とは，他のすべての戦略を

支配している戦略のことである。

定義 14.2 支配と支配戦略

2人のプレイヤーPとQがいるゲームを考え，PとQが選択できる戦略の集合をSとする。また，PとQの利得関数をそれぞれ$u_{\mathrm{P}}, u_{\mathrm{Q}}$とする。

- Pの戦略$s^*_{\mathrm{P}} \in S$が$s_{\mathrm{P}} \in S$を**支配**するとは，任意のQの戦略$s_{\mathrm{Q}} \in S$に対して，
$$u_{\mathrm{P}}(s^*_{\mathrm{P}}, s_{\mathrm{Q}}) > u_{\mathrm{P}}(s_{\mathrm{P}}, s_{\mathrm{Q}})$$
となることである[9]。
- Qの戦略$s^*_{\mathrm{Q}} \in S$が$s_{\mathrm{Q}} \in S$を支配するとは，任意のPの戦略$s_{\mathrm{P}} \in S$に対して，
$$u_{\mathrm{Q}}(s_{\mathrm{P}}, s^*_{\mathrm{Q}}) > u_{\mathrm{Q}}(s_{\mathrm{P}}, s_{\mathrm{Q}})$$
となることである。

さらに，

- 任意のPの戦略$s_{\mathrm{P}} \in S \setminus \{s^*_{\mathrm{P}}\}$に対して，$s^*_{\mathrm{P}} \in S$が$s_{\mathrm{P}}$を支配するとき，$s^*_{\mathrm{P}}$を（Pの）**支配戦略**という[10] [11]。
- 任意のQの戦略$s_{\mathrm{Q}} \in S \setminus \{s^*_{\mathrm{Q}}\}$に対して，$s^*_{\mathrm{Q}} \in S$が$s_{\mathrm{P}}$を支配するとき，$s^*_{\mathrm{Q}}$を（Qの）支配戦略という。

注 支配関係や支配戦略は，各プレイヤーごとに定義されている。

14.2.2 ナッシュ均衡とパレート最適

ナッシュ均衡は，どのプレイヤーも自分だけが戦略を変えることによって，利得を向上させることができない状況を指す。いいかえれば，各プレイヤー

[9] 等号も許して，$u_{\mathrm{P}}(s^*_{\mathrm{P}}, s_{\mathrm{Q}}) \geq u_{\mathrm{P}}(s_{\mathrm{P}}, s_{\mathrm{Q}})$が成り立つときは，**弱支配**するという。

[10] $S \setminus \{a\}$という記号は，「Sひくa」や「Sセットマイナスa」と読むこともある。集合Sから，集合Sに含まれる要素aを除いた集合を表す。例えば，$S = \{a, b, c\}$のとき，$S \setminus \{a\} = \{b, c\}$である。

[11] 任意のPの戦略$s_{\mathrm{P}} \in S \setminus \{s^*_{\mathrm{P}}\}$に対して，$s^*_{\mathrm{P}} \in S$が$s_{\mathrm{P}}$を弱支配するとき，$s^*_{\mathrm{P}}$を（Pの）**弱支配戦略**という。

は，他のプレイヤーが戦略を変えないという仮定のもとで，最善の戦略を選択する必要がある。

定義 14.3　ナッシュ均衡

2人のプレイヤーPとQがいるゲームを考え，PとQが選択できる戦略の集合をSとする。また，PとQの利得関数をそれぞれu_{P}, u_{Q}とする。戦略の組$(s_{\mathrm{P}}^*, s_{\mathrm{Q}}^*) \in S^2$が**ナッシュ均衡**であるとは[12)]，次の2条件を満たすことをいう。

(i)　Pにとって，Qが戦略s_{Q}^*を選んだとき，自分が戦略s_{P}^*を選ぶことで得られる利得は，他のどの戦略を選んだときに得られる利得よりも大きいか等しい。すなわち，任意のPの戦略$s_{\mathrm{P}} \in S$に対して，次の不等式が成り立つ。

$$u_{\mathrm{P}}(s_{\mathrm{P}}^*, s_{\mathrm{Q}}^*) \geq u_{\mathrm{P}}(s_{\mathrm{P}}, s_{\mathrm{Q}}^*)$$

(ii)　Qにとって，Pが戦略s_{P}^*を選んだとき，自分が戦略s_{Q}^*を選ぶことで得られる利得は，他のどの戦略を選んだときに得られる利得よりも大きいか等しい。すなわち，任意のQの戦略$s_{\mathrm{Q}} \in S$に対して，次の不等式が成り立つ。

$$u_{\mathrm{Q}}(s_{\mathrm{P}}^*, s_{\mathrm{Q}}^*) \geq u_{\mathrm{Q}}(s_{\mathrm{P}}^*, s_{\mathrm{Q}})$$

パレート最適[13)]は，他の人の効用を減少させずに，ある人の効用をそれ以上増加させることができない戦略の組のことであり，数学的に定式化すると次のようになる。

定義 14.4　パレート最適

2人のプレイヤーPとQがいるゲームを考え，PとQが選択できる戦略

---

12) 集合$S^2 = S \times S$は**直積集合**とよばれるものである。例えば，$S = \{\mathrm{A}, \mathrm{B}\}$のとき，$S^2 = \{(\mathrm{A}, \mathrm{A}), (\mathrm{A}, \mathrm{B}), (\mathrm{B}, \mathrm{A}), (\mathrm{B}, \mathrm{B})\}$であり，$S^2$は$S$の要素と$S$の要素の組を要素にもつ集合となる。すなわち，$(s_{\mathrm{P}}, s_{\mathrm{Q}}) \in S^2$は，$s_{\mathrm{P}} \in S$かつ$s_{\mathrm{Q}} \in S$のことである。

13) イタリアの経済学者ヴィルフレド・パレートにちなんで名づけられた。

の集合を S とする。また，P と Q の利得関数をそれぞれ $u_\mathrm{P}, u_\mathrm{Q}$ とする。戦略の組 $(s^*_\mathrm{P}, s^*_\mathrm{Q}) \in S^2$ が**パレート最適**であるとは，

$$
\begin{aligned}
u_\mathrm{P}(s_\mathrm{P}, s_\mathrm{Q}) > u_\mathrm{P}(s^*_\mathrm{P}, s^*_\mathrm{Q}) \\
u_\mathrm{Q}(s_\mathrm{P}, s_\mathrm{Q}) > u_\mathrm{Q}(s^*_\mathrm{P}, s^*_\mathrm{Q})
\end{aligned}
\tag{14.1}
$$

の両方を満たす $(s_\mathrm{P}, s_\mathrm{Q}) \in S^2$ が存在しないことである。

注 (14.1) の数式の意味を少しかみ砕いて述べると，「戦略の組 $(s^*_\mathrm{P}, s^*_\mathrm{Q})$ がパレート最適であるとは，P と Q の両方がよりよい状況になるような $(s^*_\mathrm{P}, s^*_\mathrm{Q})$ とは別の戦略の組 $(s_\mathrm{P}, s_\mathrm{Q})$ が存在しない」となる。

注 本書でのパレート最適の定義は，定義 14.4 を採用するが，次のような別の定義の仕方もある。

戦略の組 $(s^*_\mathrm{P}, s^*_\mathrm{Q}) \in S^2$ がパレート最適であるとは，

$$u_\mathrm{P}(s_\mathrm{P}, s_\mathrm{Q}) \geq u_\mathrm{P}(s^*_\mathrm{P}, s^*_\mathrm{Q}), \quad u_\mathrm{Q}(s_\mathrm{P}, s_\mathrm{Q}) \geq u_\mathrm{Q}(s^*_\mathrm{P}, s^*_\mathrm{Q})$$

であり，かつ，

$$u_\mathrm{P}(s_\mathrm{P}, s_\mathrm{Q}) > u_\mathrm{P}(s^*_\mathrm{P}, s^*_\mathrm{Q}), \quad u_\mathrm{Q}(s_\mathrm{P}, s_\mathrm{Q}) > u_\mathrm{Q}(s^*_\mathrm{P}, s^*_\mathrm{Q})$$

の少なくとも一方を満たす $(s_\mathrm{P}, s_\mathrm{Q}) \in S^2$ が存在しないことである。

定義 14.4 とこの定義は互いに異なる。この注の中で述べた定義は「戦略の組 $(s^*_\mathrm{P}, s^*_\mathrm{Q})$ がパレート最適であるとは，P と Q の両方が少なくとも現状を維持し，少なくとも P と Q のどちらか一方がよりよい状況になるような $(s^*_\mathrm{P}, s^*_\mathrm{Q})$ とは別の戦略の組 $(s_\mathrm{P}, s_\mathrm{Q})$ が存在しないこと」と規定しており，その意味でのパレート最適は「他の人の効用を減少させずに，ある人の効用をそれ以上増加させることができない戦略の組」となる。経済学では厚生経済学の第 1 基本定理などとの関係から，この注の中で述べた定義が重視されることもあるが，本書は入門書であることを鑑み，詳細などには踏み込まないことにする。興味のある読者は [14] や [18] を見よ。

14.2.3 支配戦略とナッシュ均衡・パレート最適の具体例

これまでの定義を踏まえて，本小節では具体的な例について考えよう。2 人のプレイヤー P と Q が存在し，それぞれが戦略 A, B の 2 つから選択するゲームを考える。このゲームの利得行列が次のようなものだったとしよう。

P＼Q	戦略Aを選択	戦略Bを選択
戦略Aを選択	$(3,2)$	$(1,1)$
戦略Bを選択	$(2,3)$	$(0,0)$

- 戦略の集合：

  $S=\{\mathrm{A},\mathrm{B}\}$である。

- プレイヤーPの支配戦略：

  Pの戦略$s^*_\mathrm{P}\in S$が$s_\mathrm{P}\in S$を支配するとは，任意のQの戦略$s_\mathrm{Q}\in S$に対して，$u_\mathrm{P}(s^*_\mathrm{P},s_\mathrm{Q})>u_\mathrm{P}(s_\mathrm{P},s_\mathrm{Q})$となることであった。すなわち，

$$\begin{aligned} u_\mathrm{P}(s^*_\mathrm{P},\mathrm{A}) &> u_\mathrm{P}(s_\mathrm{P},\mathrm{A}) \\ u_\mathrm{P}(s^*_\mathrm{P},\mathrm{B}) &> u_\mathrm{P}(s_\mathrm{P},\mathrm{B}) \end{aligned} \tag{14.2}$$

  の両方の式が成り立つとき，Pの戦略s^*_Pはs_Pを支配しているといえる。いま，$s^*_\mathrm{P}=\mathrm{A}$, $s_\mathrm{P}=\mathrm{B}$とすれば，

$$\begin{aligned} u_\mathrm{P}(\mathrm{A},\mathrm{A})=3 \quad &> \quad u_\mathrm{P}(\mathrm{B},\mathrm{A})=2, \\ u_\mathrm{P}(\mathrm{A},\mathrm{B})=1 \quad &> \quad u_\mathrm{P}(\mathrm{B},\mathrm{B})=0 \end{aligned}$$

  より(14.2)は確かに成り立つから，Pの戦略AはBを支配している。

  また，任意のPの戦略$s_\mathrm{P}\in S\setminus\{s^*_\mathrm{P}\}$に対して，$s^*_\mathrm{P}\in S$が$s_\mathrm{P}$を支配するとき，$s^*_\mathrm{P}$をPの支配戦略というのであった。いま，Pの戦略AはBを支配しており，$S\setminus\{\mathrm{A}\}=\{\mathrm{B}\}$だから，AはPの支配戦略である。

- プレイヤーQの支配戦略：

  Qの戦略$s^*_\mathrm{Q}\in S$が$s_\mathrm{Q}\in S$を支配するとは，任意のPの戦略$s_\mathrm{P}\in S$に対して，$u_\mathrm{Q}(s_\mathrm{P},s^*_\mathrm{Q})>u_\mathrm{Q}(s_\mathrm{P},s_\mathrm{Q})$となることであった。すなわち，

$$\begin{aligned} u_\mathrm{Q}(\mathrm{A},s^*_\mathrm{Q}) &> u_\mathrm{Q}(\mathrm{A},s_\mathrm{Q}) \\ u_\mathrm{Q}(\mathrm{B},s^*_\mathrm{Q}) &> u_\mathrm{Q}(\mathrm{B},s_\mathrm{Q}) \end{aligned} \tag{14.3}$$

  の両方の式が成り立つとき，Qの戦略s^*_Qはs_Qを支配しているといえる。いま，$s^*_\mathrm{Q}=\mathrm{A}$, $s_\mathrm{Q}=\mathrm{B}$とすれば，

$$\begin{aligned} u_\mathrm{Q}(\mathrm{A},\mathrm{A})=2 \quad &> \quad u_\mathrm{Q}(\mathrm{A},\mathrm{B})=1, \\ u_\mathrm{Q}(\mathrm{B},\mathrm{A})=3 \quad &> \quad u_\mathrm{Q}(\mathrm{B},\mathrm{B})=0 \end{aligned}$$

より (14.3) は確かに成り立つから，Q の戦略 A は B を支配している。

また，任意の Q の戦略 $s_\mathrm{Q} \in S \setminus \{s_\mathrm{Q}^*\}$ に対して，$s_\mathrm{Q}^* \in S$ が s_P を支配するとき，s_Q^* を Q の支配戦略というのであった。いま，Q の戦略 A は B を支配しており，$S \setminus \{\mathrm{A}\} = \{\mathrm{B}\}$ だから，A は Q の支配戦略である。

- ナッシュ均衡：

  戦略の組 $(s_\mathrm{P}^*, s_\mathrm{Q}^*) \in S^2$ がナッシュ均衡であるのは，

$$u_\mathrm{P}(s_\mathrm{P}^*, s_\mathrm{Q}^*) \geq u_\mathrm{P}(s_\mathrm{P}, s_\mathrm{Q}^*),$$
$$u_\mathrm{Q}(s_\mathrm{P}^*, s_\mathrm{Q}^*) \geq u_\mathrm{Q}(s_\mathrm{P}^*, s_\mathrm{Q})$$

  の両方を満たすときであった。まず，$(s_\mathrm{P}^*, s_\mathrm{Q}^*) = (\mathrm{A}, \mathrm{A})$ がナッシュ均衡であることを定義 14.3 に従って確かめる。

  (i)　任意の s_P に対して，$u_\mathrm{P}(\mathrm{A}, \mathrm{A}) \geq u_\mathrm{P}(s_\mathrm{P}, \mathrm{A})$ が成り立つか？
  $u_\mathrm{P}(\mathrm{A}, \mathrm{A}) = 3$ であり，$(s_\mathrm{P}, \mathrm{A}) = (\mathrm{A}, \mathrm{A}), (\mathrm{B}, \mathrm{A})$ のいずれかだから，$u_\mathrm{P}(\mathrm{B}, \mathrm{A}) = 2$ より $u_\mathrm{P}(\mathrm{A}, \mathrm{A}) \geq u_\mathrm{P}(s_\mathrm{P}, \mathrm{A})$ は成り立つ。

  (ii)　任意の s_Q に対して，$u_\mathrm{Q}(\mathrm{A}, \mathrm{A}) \geq u_\mathrm{Q}(\mathrm{A}, s_\mathrm{Q})$ が成り立つか？
  $u_\mathrm{Q}(\mathrm{A}, \mathrm{A}) = 2$ であり，$(\mathrm{A}, s_\mathrm{Q}) = (\mathrm{A}, \mathrm{A}), (\mathrm{A}, \mathrm{B})$ のいずれかだから，$u_\mathrm{Q}(\mathrm{A}, \mathrm{B}) = 1$ より $u_\mathrm{Q}(\mathrm{A}, \mathrm{A}) \geq u_\mathrm{Q}(\mathrm{A}, s_\mathrm{Q})$ は成り立つ。

  よって，2 条件 (i), (ii) がともに成り立つので，$(s_\mathrm{P}^*, s_\mathrm{Q}^*) = (\mathrm{A}, \mathrm{A})$ はナッシュ均衡である。

  他の戦略についても同様に確認すると，$(s_\mathrm{P}^*, s_\mathrm{Q}^*) = (\mathrm{A}, \mathrm{A})$ のみがナッシュ均衡であることがわかる[14)]。

- パレート最適：

  ある戦略がパレート最適であるのは，P と Q の両方の利得を真に向上させるような戦略が存在しない場合である。定義 14.4 に従って書くと，戦略の組 $(s_\mathrm{P}^*, s_\mathrm{Q}^*) \in S^2$ がパレート最適であるとは，

$$u_\mathrm{P}(s_\mathrm{P}, s_\mathrm{Q}) > u_\mathrm{P}(s_\mathrm{P}^*, s_\mathrm{Q}^*),$$
$$u_\mathrm{Q}(s_\mathrm{P}, s_\mathrm{Q}) > u_\mathrm{Q}(s_\mathrm{P}^*, s_\mathrm{Q}^*)$$

  の両方を満たす $(s_\mathrm{P}, s_\mathrm{Q}) \in S^2$ が存在しないことであった。

---

14) 読者は (A, B), (A, B), (B, B) がナッシュ均衡ではないことを確かめてみるとよい。

まず，$(s^*_{\mathrm{P}}, s^*_{\mathrm{Q}}) = (\mathrm{A}, \mathrm{A})$ がパレート最適であることを確かめる。$u_{\mathrm{P}}(\mathrm{A}, \mathrm{A}) = 3$, $u_{\mathrm{Q}}(\mathrm{A}, \mathrm{A}) = 2$ であるため，$u_{\mathrm{P}}(s_{\mathrm{P}}, s_{\mathrm{Q}}) > u_{\mathrm{P}}(\mathrm{A}, \mathrm{A})$ かつ $u_{\mathrm{Q}}(s_{\mathrm{P}}, s_{\mathrm{Q}}) > u_{\mathrm{Q}}(\mathrm{A}, \mathrm{A})$ を満たす $(s_{\mathrm{P}}, s_{\mathrm{Q}}) \in S^2$ が存在しないことがわかる。したがって，$(s^*_{\mathrm{P}}, s^*_{\mathrm{Q}}) = (\mathrm{A}, \mathrm{A})$ はパレート最適である。

他の戦略についても同様に確認すると，$(s^*_{\mathrm{P}}, s^*_{\mathrm{Q}}) = (\mathrm{A}, \mathrm{A}), (\mathrm{B}, \mathrm{A})$ がパレート最適であるとわかる[15)]。

14.2.4　囚人のジレンマ

囚人のジレンマは，ナッシュ均衡とパレート最適の概念を説明する際の例としてよく用いられる。これは，2人のプレイヤーが最良の結果を得るためには協力するのが理想的であるにもかかわらず，個人の利益を最大化するために協力しないという状況を描写したものであり，非ゼロ和ゲームの一例である。

このゲームでは2人の囚人P, Qが「戦略A：黙秘」か「戦略B：自白」を選択できる。この選択によって，それぞれの囚人が受け取る利得が決まる。利得行列を次に示す。

P＼Q	戦略A：黙秘する	戦略B：自白する
戦略A：黙秘する	$(-1, -1)$	$(-3, 0)$
戦略B：自白する	$(0, -3)$	$(-2, -2)$

ここで，利得はそれぞれの囚人が受け取る刑期（懲役年数）を負の数を用いて表し，例えば，利得が-3は懲役3年の意味である。この利得行列から，2人の囚人がともに黙秘したときに，両者の刑期の合計が短いことがわかる。

さて，ここで与えられた利得行列から定まるナッシュ均衡やパレート最適についての詳細は演習問題の問3とし，結論だけ述べておこう。まず，ナッシュ均衡は次の通りである。

- (B, B)：Pが自白する，Qが自白する。

また，パレート最適な戦略の組は次の通りである。

- (A, A)：Pが黙秘する，Qが黙秘する。

---

15) 読者は (B, A) がパレート最適であること，および $(\mathrm{A}, \mathrm{B}), (\mathrm{B}, \mathrm{B})$ がパレート最適ではないことを確かめてみるとよい。

- (A, B)：P が黙秘する，Q が自白する。
- (B, A)：P が自白する，Q が黙秘する。

この結果からもわかるように，「誰か 1 人だけが戦略を変えても，その人にとって新たな利益が発生しないような戦略の組」であるナッシュ均衡と，「すべての人の効用を真に増やすような戦略の組が存在しないという意味で望ましい戦略の組」であるパレート最適は，互いに異なる概念であることがわかる。

演習問題

基本問題

問1　2人のプレイヤーPとQがじゃんけんをする。このとき，各プレイヤーは「戦略A：グー」，「戦略B：チョキ」，「戦略C：パー」の3つの戦略の中から1つを選ぶ。選んだ戦略の組合せによってPとQの利得が決まり，それは次の利得行列で表される。なお，ここでは単純化のため，じゃんけんで勝った場合の利得を1，負けた場合の利得を-1とした。PとQがどの戦略を選んだとしても，PとQが得る利得の合計は0になるため，これはゼロ和ゲームである。この利得行列に基づいて，利得関数を求めよ。

P ＼ Q	グーを選択	チョキを選択	パーを選択
グーを選択	$(0,0)$	$(1,-1)$	$(-1,1)$
チョキを選択	$(-1,1)$	$(0,0)$	$(1,-1)$
パーを選択	$(1,-1)$	$(-1,1)$	$(0,0)$

発展問題

問2　2つの企業PとQが，それぞれ新製品を開発する計画を立てたとする。各企業は「戦略A：新製品を開発する」または「戦略B：新製品の開発を見送る」の2つの戦略から1つを選ぶ。選んだ戦略の組合せによってPとQの利得が決まり，それは次の利得行列で表される。なお，ここでは単純化のため，新製品の開発に成功した場合の利得を1，見送った場合の利得を-1とした。この利得行列に基づいて，ナッシュ均衡とパレート最適を求めよ。

企業P ＼ 企業Q	新製品を開発する	新製品の開発を見送る
新製品を開発する	$(1,-1)$	$(1,0)$
新製品の開発を見送る	$(0,1)$	$(0,0)$

問 3　（囚人のジレンマ）2 人の囚人 P と Q は，それぞれ「戦略 A：黙秘」か「戦略 B：自白」を選択できるとする。また，それぞれの囚人の利得は，次の利得行列で表されるとする。なお，利得が -10 の場合，懲役 10 年という意味である。この利得行列に基づいて，ナッシュ均衡とパレート最適を求めよ。

囚人 P ＼ 囚人 Q	戦略 A：黙秘する	戦略 B：自白する
戦略 A：黙秘する	$(-3, -3)$	$(-10, 0)$
戦略 B：自白する	$(0, -10)$	$(-5, -5)$

キーワード

ゲーム理論，利得行列，利得関数，ゼロ和ゲーム・非ゼロ和ゲーム，支配関係，支配戦略，ナッシュ均衡，パレート最適，囚人のジレンマ

補講 A

ラグランジュの未定乗数法

ラグランジュの未定乗数法は，18 世紀の数学者で物理学者でもあるジョゼフ・ルイ・ラグランジュにちなんで名づけられた。この方法は，ある集合上で定義された関数について，その値が最小（もしくは最大）となる状態を解析する最適化問題で用いられる。補講 A では，2 変数の場合のラグランジュの未定乗数法について説明する。

A.1　2 変数関数の極値問題

1.2 節で扱った線形計画法のように，経済学では予算などの制約がある状況で効用を最大化する問題を考えることがある。例えば，1,000 円の予算で商品 A と商品 B を購入したいとしよう。これらの商品ははかり売りされており，1 g あたりの商品 A の単価は 10 円，商品 B の単価は 20 円とする。これらの商品の購入量を x と y で表し，商品を購入することで得られる効用を $f(x,y)=xy$ とする。この $f(x,y)$ を**目的関数**といい，この関数を最大化することが目的である。制約条件は，商品 A と商品 B の合計支出が 1,000 円を超えないことであり，これは，

$$10x+20y \leq 1000$$

と表される。

このような制約条件のもとで，ある関数を最大化または最小化する問題を解決する方法について，我々はすでに学習している。ここではラグランジュの未定乗数法とよばれるより一般的な方法について，2 変数の場合で説明しよう。まず，ラグランジュの未定乗数法で使用する**ラグランジュの定理**を紹介する。

定理 A.1　ラグランジュの定理

制約条件 $g(x,y)=0$ のもとで，2 変数関数 $f(x,y)$ が点 (a,b) で極値をも

つとき，次が成立する。

ラグランジュ関数 L を

$$L(x, y, \lambda) = f(x, y) - \lambda g(x, y)$$

で定める。$\dfrac{\partial}{\partial x}g(a, b)$ と $\dfrac{\partial}{\partial y}g(a, b)$ の少なくとも一方が0でないならば，ある実数 α が存在して，

$$\begin{cases} \dfrac{\partial}{\partial x}L(a, b, \alpha) = 0 \\ \dfrac{\partial}{\partial y}L(a, b, \alpha) = 0 \\ \dfrac{\partial}{\partial \lambda}L(a, b, \alpha) = 0 \end{cases} \tag{A.1}$$

が成り立つ。ラグランジュ関数において，λ は**ラグランジュ乗数**とよばれる変数で，条件 (A.1) を**1階条件**という。

注　本書では詳しく述べないが，我々がラグランジュの未定乗数法を用いる際の1階条件は，あくまで求めたい解の必要条件を与えるに過ぎないことに注意されたい。すなわち，「制約つき最大化問題の解であればラグランジュの1階条件を満たすが，1階条件を満たすものが解であるとは限らない」のである。したがって，この定理は我々が知りたい解を示すわけではなく，解の候補を示すにすぎない。

連立方程式 (A.1) を解き，極値 $f(a, b)$ を求める方法を**ラグランジュの未定乗数法**という。ここで求めた極値は，しばしば制約条件つき最大化問題の最大値や最小値を与える。

定理 A.1 を用いて，冒頭で述べた制約条件つき最大化問題

$$\begin{aligned} &\text{maximize} && f(x, y) = xy, \\ &\text{subject to} && x,\ y \geq 0,\ 10x + 20y \leq 1000 \end{aligned} \tag{A.2}$$

を解いてみよう。ここで，「maximize」とは「最大化する」という意味であり，「subject to ～」は「～を条件として」という意味である。

まず，重要なこととして，この最大化問題 (A.2) と次の最大化問題 (A.3) は，同値であることに注意しよう。

$$\begin{aligned} &\text{maximize} && f(x,y) = xy, \\ &\text{subject to} && 10x + 20y = 1000 \end{aligned} \tag{A.3}$$

このことは図 A.1 からわかる。

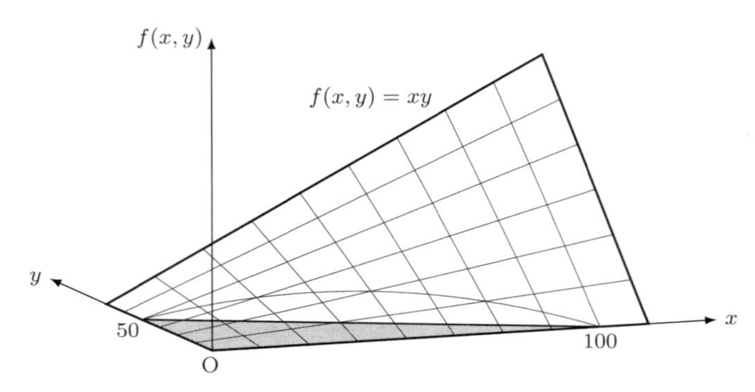

図 A.1　曲面 $f(x,y) = xy$ と制約条件

ラグランジュの未定乗数法では，定理 A.1 で述べたように，ラグランジュ乗数 λ を導入し，ラグランジュ関数 L を定義する。いまの状況でのラグランジュ関数は，次のようになる[1)]。

$$L(x,y,\lambda) = xy - \lambda(10x + 20y - 1000)$$

L を x, y, λ に関して偏微分し，それらを 0 とする。これらの点は，制約条件の範囲内で目的関数が最大になる可能性のある点である。1 階条件は次のようになる。

$$\begin{cases} \dfrac{\partial L}{\partial x} = y - 10\lambda = 0 \\ \dfrac{\partial L}{\partial y} = x - 20\lambda = 0 \\ \dfrac{\partial L}{\partial \lambda} = 1000 - 10x - 20y = 0 \end{cases}$$

[1)] $10x + 20y - 1000$ の部分を $-10x - 20y + 1000$ とおきかえて，$L(x,y,\lambda) = f(x,y) - \lambda(-10x - 20y + 1000)$ としても，最終的に得られる結論は同じになる。気になる読者は，確認してみるとよいだろう。

これらの連立方程式を解くことにより，x, y の最適値の候補を見つけることができる。この例では，$x = 50$, $y = 25$ が最適な購入量である。

最後にもう一つ，ラグランジュの未定乗数法を用いる例を示そう。

例 A.2

制約条件 $g(x,y) = x^2 + y^2 - 1 = 0$ のもとで，2 変数関数 $f(x,y) = x + y$ を最大化および最小化する問題を考える。このとき，ラグランジュ関数は次のようになる。

$$L(x,y,\lambda) = f(x,y) - \lambda g(x,y) = x + y - \lambda(x^2 + y^2 - 1)$$

1 階条件は次の通りである。

$$\begin{cases} \dfrac{\partial L}{\partial x} = 1 - 2\lambda x = 0 \\ \dfrac{\partial L}{\partial y} = 1 - 2\lambda y = 0 \\ \dfrac{\partial L}{\partial \lambda} = -(x^2 + y^2 - 1) = 0 \end{cases}$$

これらの方程式を解くと，解は，

$$(x,y,\lambda) = \left(\frac{1}{\sqrt{2}}, \frac{1}{\sqrt{2}}, \frac{1}{\sqrt{2}}\right),\ \left(-\frac{1}{\sqrt{2}}, -\frac{1}{\sqrt{2}}, -\frac{1}{\sqrt{2}}\right)$$

となる。定理 A.1 より，これらが求める解の候補となるが，実際に値を代入してみると，点 $(x,y) = \left(\frac{1}{\sqrt{2}}, \frac{1}{\sqrt{2}}\right)$ において $f(x,y)$ は最大値をとり，点 $(x,y) = \left(-\frac{1}{\sqrt{2}}, -\frac{1}{\sqrt{2}}\right)$ において $f(x,y)$ は最小値をとることがわかる。

補講 B

グラフ理論の基礎

補講 B では，グラフ理論の基本的な概念とその数学的枠組みについて解説する。**グラフ理論**は，頂点と辺から構成されるグラフを用いて，複雑なネットワーク関係をモデル化する数学の分野である。この理論は，コンピュータネットワーク，社会学，生物学，都市計画など，さまざまな分野で応用される。グラフ理論が扱う内容は多岐にわたるが，ここでは握手補題を紹介する。グラフ理論におけるこの基本的な定理を題材に，グラフ理論の基本的な概念についての知見を得てほしい。

B.1　グラフの定義

グラフ[1]は，いくつかの**頂点**と，それを結ぶいくつかの**辺**から構成された図形である。例えば，九州地方の主要な 8 都市を頂点とし，それらの都市間を結ぶ道路を辺としてグラフをかくことができる。このとき，各都市は頂点で表され，その都市間に道路がある場合は辺でつないで表現する。これによって図 B.1[2]のように，各都市と道路網を視覚的に表すことができる[3]。

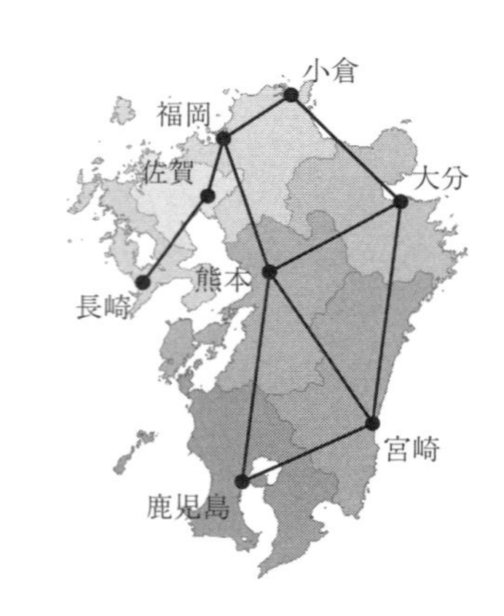

図 B.1　九州地方の主要な 8 都市を結ぶグラフ

このように，都市とその間の道路，またはより一般に，何かしらの対象とそれらの対象の間の接続関係をグラフを使って表すことができる。次に，この考え方を

---

[1] 詳しくは本文で説明するが，ここでのグラフは 2 次関数のグラフや棒グラフ・円グラフのようなものではない別物である。

[2] CraftMAP (`http://www.craftmap.box-i.net`) の地図をもとに作成した。

[3] 図の辺は直線でかいているが，これらは必ずしも直線でかく必要はなく曲線でもよい。

数学的に記述することを考えよう。

一般に，グラフ $G = (V, E)$ は，**頂点**の有限集合 V と，異なる頂点の組（これを**辺**とよぶ）からなる集合 E によって定義される[4)]。例えば，

$$V = \{v_1, v_2, v_3\}, \quad E = \{\{v_1, v_2\}, \{v_2, v_3\}\}$$

で定義されるグラフを考える。このグラフは図 B.2 のように図示できる。ここで，頂点の集合 V は $V = \{v_1, v_2, v_3\}$ であるため，各頂点は v_1, v_2, v_3 というラベルと黒丸 ● で示される。また，辺の集合 E は $E = \{\{v_1, v_2\}, \{v_2, v_3\}\}$ であるため，頂点 v_1 と v_2，および頂点 v_2 と v_3 の間に辺をかくことで，このグラフを表現することができる。また，このグラフと数学的に同じグラフであり，かつ，かき方の異なるグラフも存在する。例えば，図 B.3 は図 B.2 とまったく同じグラフを表している。このように，グラフの点の位置や辺のかき方は本質的ではなく，重要なのは，頂点と辺の接続関係である。

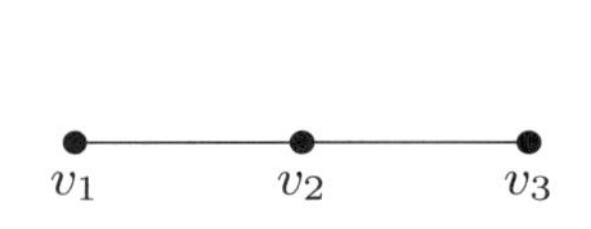

図 B.2　$G = (V, E)$ のグラフ

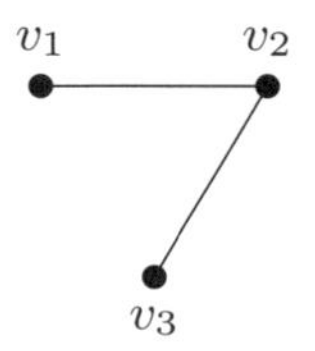

図 B.3　$G = (V, E)$ のグラフの別表示

次に，グラフ理論でよく用いられる用語について，図 B.2 を用いながら説明しよう。まず，頂点の**次数**とは，ある頂点に接続している辺の本数のことをいい，頂点 v の次数を $\deg(v)$ と表す。例えば，頂点 v_1, v_2, v_3 の次数はそれぞれ 1, 2, 1 であるので，

$$\deg(v_1) = 1, \quad \deg(v_2) = 2, \quad \deg(v_3) = 1$$

である。また，グラフ全体における頂点の総数 $|V|$ をグラフの**位数**といい，辺の総数 $|E|$ をグラフの**サイズ**という。図 B.2 では，$|V| = 3$, $|E| = 2$ である。

本節の最後に，いくつかのグラフの例を挙げておこう。

---

4) グラフ理論について詳しく知りたい読者は，[7] などを参照されたい。本書では，単純グラフとよばれる基本的なグラフのみを考える。

例 B.1

頂点と辺の集合が，

$$V = \{v_1, v_2, v_3\},$$
$$E = \{\{v_1, v_2\}, \{v_1, v_3\}, \{v_2, v_3\}\}$$

で与えられるグラフは，図 B.4 のように図示できる。

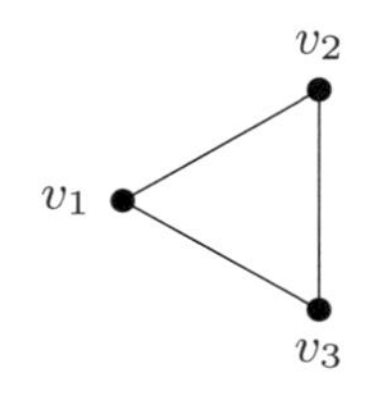

図 B.4　3 頂点のグラフ

例 B.2

頂点と辺の集合が，

$$V = \{v_1, v_2, v_3, v_4\},$$
$$E = \{\{v_1, v_2\}, \{v_2, v_3\}, \{v_3, v_4\}\}$$

で与えられるグラフは，図 B.5 のように図示できる。

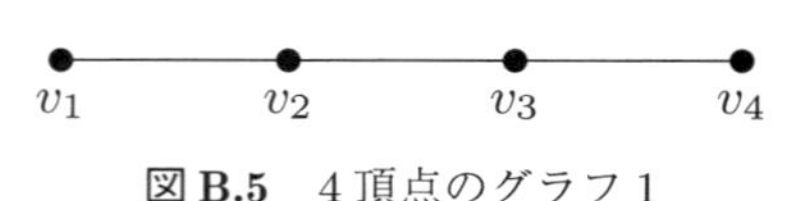

図 B.5　4 頂点のグラフ 1

例 B.3

頂点と辺の集合が，

$$V = \{v_1, v_2, v_3, v_4\},$$
$$E = \{\{v_1, v_2\}, \{v_1, v_3\}, \{v_2, v_4\}, \{v_3, v_4\}\}$$

で与えられるグラフは，図 B.6 のように図示できる。

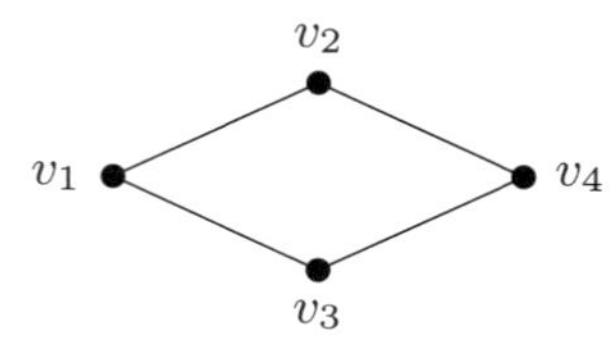

図 B.6　4 頂点のグラフ 2

例 B.4

頂点と辺の集合が,

$$V = \{v_1, v_2, v_3, v_4, v_5\},$$
$$E = \{\{v_1, v_2\}, \{v_1, v_3\}, \{v_2, v_3\}, \{v_2, v_4\}, \{v_3, v_5\}\}$$

で与えられるグラフは，図 B.7 のように図示できる。

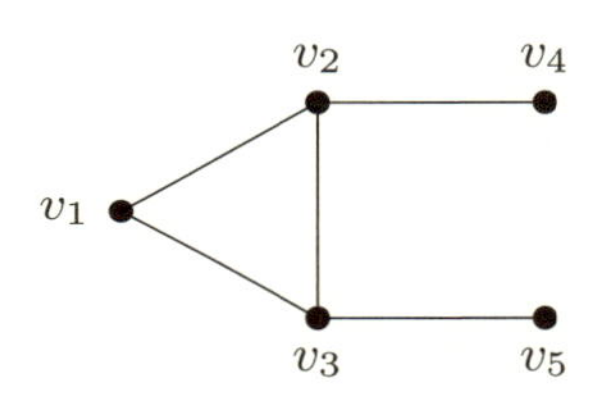

図 B.7　5 頂点のグラフ

B.2　握手補題

握手補題はグラフ理論の基本的な定理の一つである。この補題は，グラフにおいてすべての頂点の次数の合計が辺の数の 2 倍に等しいことを述べている。

定理 B.5　握手補題

グラフ $G = (V, E)$ において,

$$\sum_{v \in V} \deg(v) = 2|E| \tag{B.1}$$

が成り立つ。

証明　任意の辺 $e \in E$ を考える。この辺 e は必ず 2 つの頂点 $u, v \in V$ を結んでいる ($e = \{u, v\}$)。したがって，e は頂点 u の次数に 1，頂点 v の次数にも 1 を寄与する。

グラフ G のすべての辺についてこの性質を考えると，各辺はそれぞれ 2 つの頂点の次数に寄与するため，全体として次数の総和 $\sum_{v \in V} \deg(v)$ は，すべての辺の数を 2 倍したものに等しくなる。すなわち，(B.1) が成り立つ。 ■

例 B.6

$G = (V, E)$ を次のようなグラフとする。

頂点の集合：$V = \{v_1, v_2, v_3, v_4\}$

辺の集合　：$E = \{\{v_1, v_2\}, \{v_2, v_3\}, \{v_3, v_4\}, \{v_4, v_1\}, \{v_1, v_3\}\}$

このとき，各頂点の次数は以下のようになる。

$$\deg(v_1) = 3, \quad \deg(v_2) = 2,$$
$$\deg(v_3) = 3, \quad \deg(v_4) = 2$$

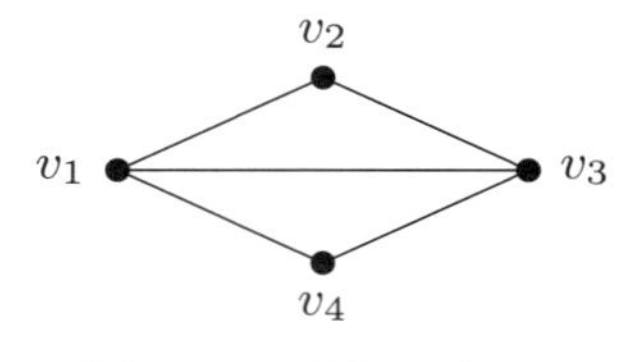

図 B.8　4頂点のグラフ

したがって，

$$\sum_{v \in V} \deg(v) = \deg(v_1) + \deg(v_2) + \deg(v_3) + \deg(v_4) = 10$$

となる。一方，辺の総数は5本であるため，

$$2|E| = 2 \times 5 = 10$$

となる。よって，$\sum_{v \in V} \deg(v) = 2|E|$ であるから，握手補題が正しいことが確認できる。

補講 C

ハノイの塔とプログラミング

ハノイの塔は，特定のルールに従って，穴のあいた円板をある杭から別の杭に移動させるという古典的なパズルである。このパズルは3つの杭と大きさの異なる複数枚の円板を用いて行われる。ゴールは，本文で説明するルールに従いながら，すべての円板をもとの杭から別の杭に移動させることである。このハノイの塔のパズルは，プログラミング的思考を養うために有用であり，C.2節ではこれを題材にプログラミング的な考え方を紹介する。

C.1 ハノイの塔

C.1.1 ハノイの塔のルール

ハノイの塔は3本の杭と穴のあいた大小さまざまな円板を用いた古典的なパズルである。各円板の中心には穴があいているので，杭に通して積み重ねることができる。このパズルのゴールは，次のルールを守って，積み重なった円板をすべて別の棒に移すことである。以下に，このパズルのルールを示そう。

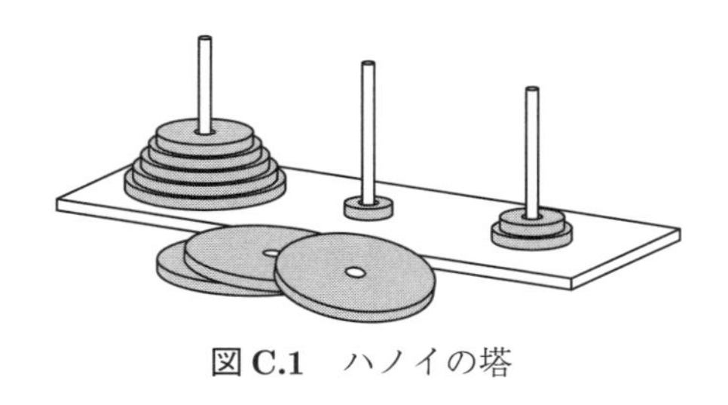

図 C.1 ハノイの塔

1. 準備：3本の杭 A, B, C と，穴のあいた大きさの異なる円板を n 枚用意する。
2. はじめの状態：n 枚すべての円板が杭 A の上に積み上げられ，小さいものから順に上から並べられている。

3. 円板を移動するときのルール：
   - 一度に移動できる円板は，それぞれの杭の一番上にある円板1枚だけである。
   - 円板は3つの杭のいずれかに置くことができる。
   - 小さい円板の上に大きい円板を置くことはできない。
4. ゴール：すべての円板を杭Bに移動する。

C.1.2　5枚までの移動例

簡単な場合から順に，例を挙げて説明する。説明の便宜上，円板は大きさの小さいものから順に円板1，円板2，円板3，・・・とよぶことにする。また，杭は左から順に杭A，杭B，杭Cとする。

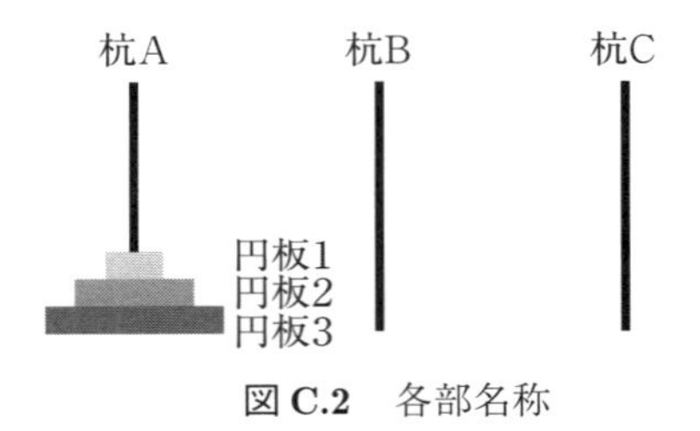

図 C.2　各部名称

例 C.1　円板が1枚

1. 円板1を杭Aから杭Bに移動

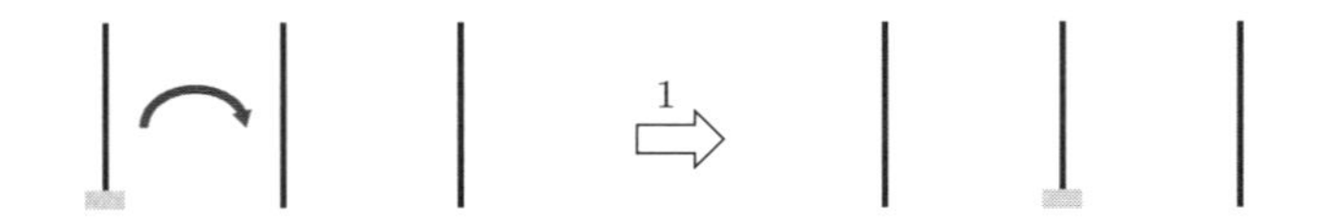

例 C.2　円板が2枚

1. 円板1を杭Aから杭Cに移動　　2. 円板2を杭Aから杭Bに移動
3. 円板1を杭Cから杭Bに移動

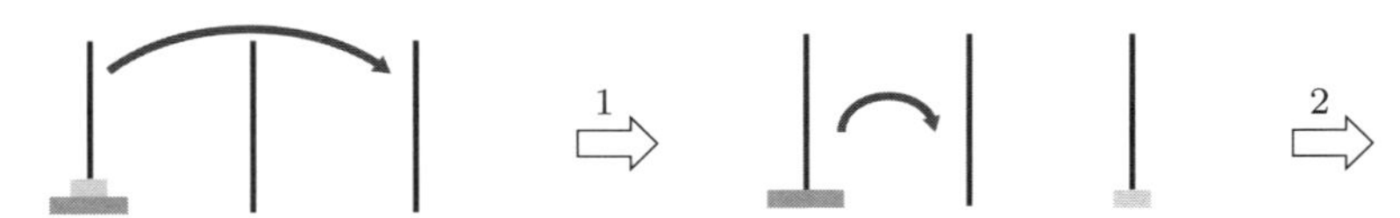

例 C.3 円板が 3 枚

1. 円板 1 を杭 A から杭 B に移動
2. 円板 2 を杭 A から杭 C に移動
3. 円板 1 を杭 B から杭 C に移動
4. 円板 3 を杭 A から杭 B に移動
5. 円板 1 を杭 C から杭 A に移動
6. 円板 2 を杭 C から杭 B に移動
7. 円板 1 を杭 A から杭 B に移動

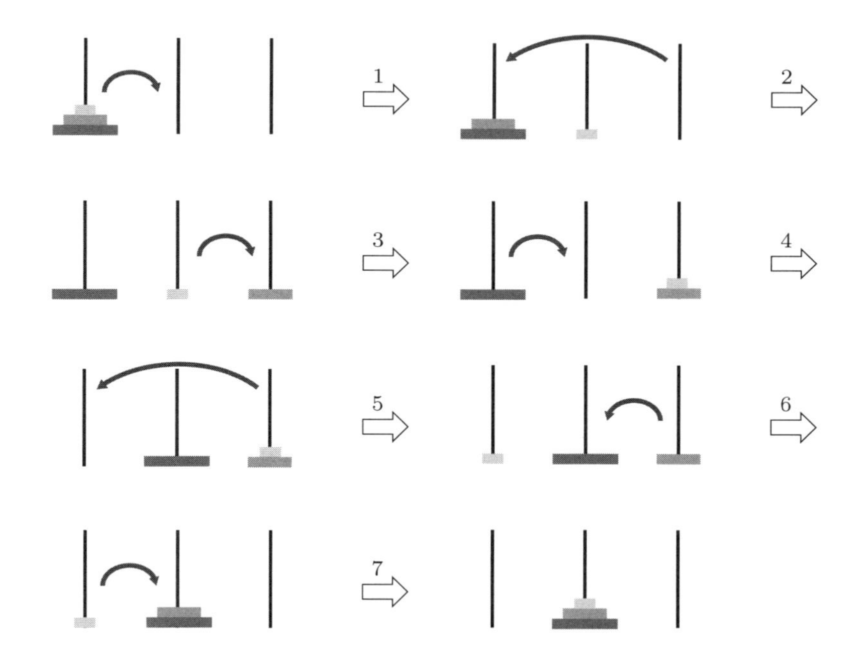

例 C.4　円板が 4 枚

1. 円板 1 を杭 A から杭 C へ移動
2. 円板 2 を杭 A から杭 B へ移動
3. 円板 1 を杭 C から杭 B へ移動
4. 円板 3 を杭 A から杭 C へ移動
5. 円板 1 を杭 B から杭 A へ移動
6. 円板 2 を杭 B から杭 C へ移動
7. 円板 1 を杭 A から杭 C へ移動
8. 円板 4 を杭 A から杭 B へ移動
9. 円板 1 を杭 C から杭 B へ移動
10. 円板 2 を杭 C から杭 A へ移動
11. 円板 1 を杭 B から杭 A へ移動
12. 円板 3 を杭 C から杭 B へ移動
13. 円板 1 を杭 A から杭 C へ移動
14. 円板 2 を杭 A から杭 B へ移動
15. 円板 1 を杭 C から杭 B へ移動

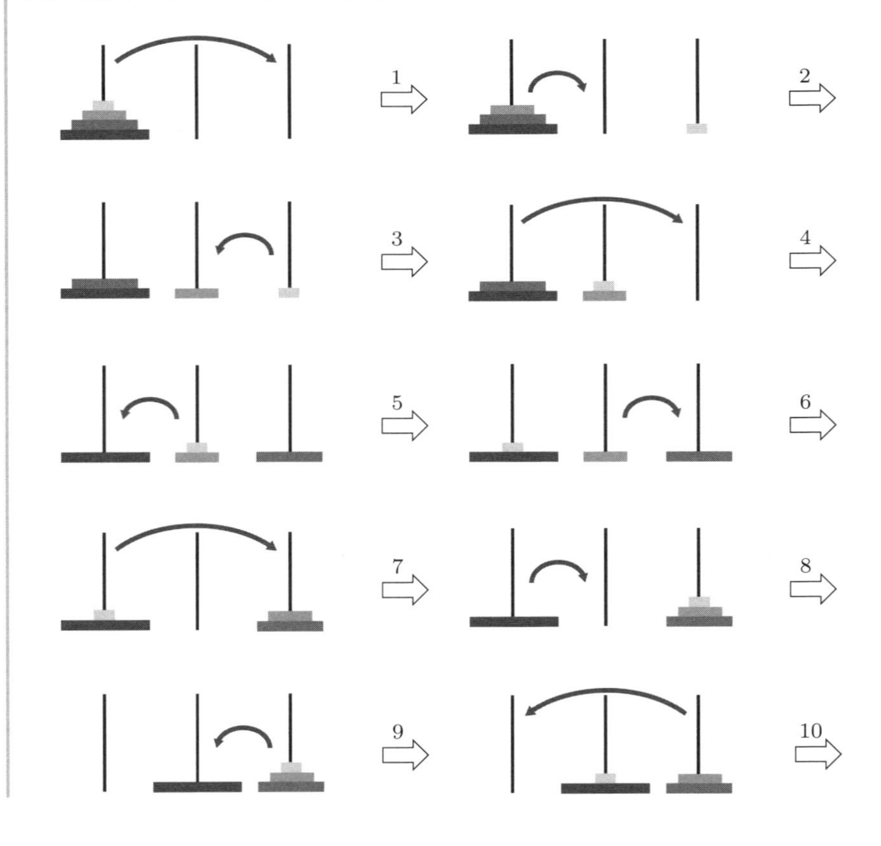

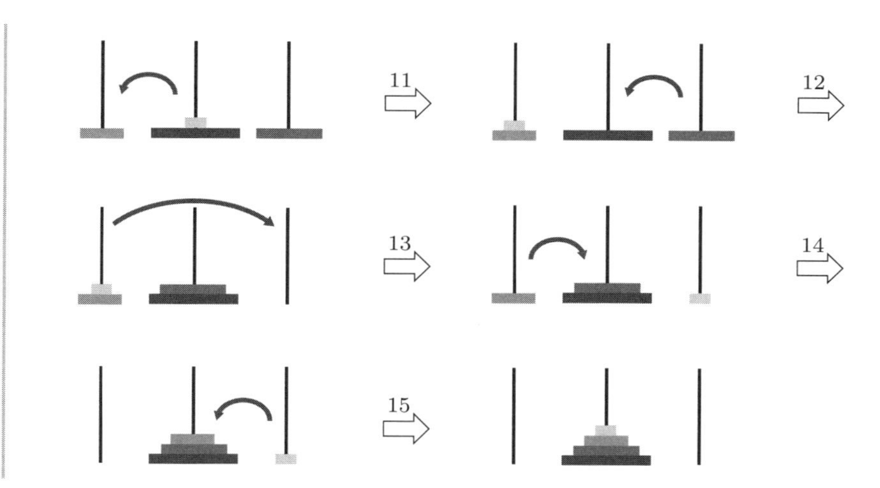

例 C.5　円板が 5 枚

1. 円板 1 を杭 A から杭 B へ移動
2. 円板 2 を杭 A から杭 C へ移動
3. 円板 1 を杭 B から杭 C へ移動
4. 円板 3 を杭 A から杭 B へ移動

. . .

29. 円板 1 を杭 C から杭 A へ移動
30. 円板 2 を杭 C から杭 B へ移動
31. 円板 1 を杭 A から杭 B へ移動

上記の 5 つの例を眺めてみると，いくつかの特徴が見てとれる。例えば，

- 上の手順で示された移動回数は，$n = 1$ のとき 1，$n = 2$ のとき 3，$n = 3$ のとき 7，$n = 4$ のとき 15，$n = 5$ のとき 31 だから，円板が n 枚のときの移動回数は $2^n - 1$ 回になりそうである。
- 円板 1 とそれ以外の円板が交互に移動している。
- 円板 $1, 3, 5, \ldots$ は，n が偶数のとき A $\to$ B $\to$ C $\to$ A の順に移動しており，n が奇数のとき A $\to$ C $\to$ B $\to$ A の順に移動している。また，円板 $2, 4, 6, \ldots$ は，その逆の順に移動している。

などである。これ以外にも何か特徴などがないか探してみるとよいだろう。

C.1.3　最小の移動回数

さて，ハノイの塔のパズルを n 枚の円板で解くために必要な最小の移動回数 a_n について考えよう。まず，円板が 1 枚のときは，例 C.1 より $a_1 = 1$ である。

次に，円板が 2 枚以上あるときを考えよう。n 枚の円板を杭 A から杭 B に移動させることを考える。このとき，以下の手順を踏めば，我々は目的を達成できる。

1. 杭 A にある円板 1 から円板 $n-1$ を何らかの方法で杭 A から杭 C に移動する。
2. 杭 A に残っている円板 n を杭 B に移動する。
3. 杭 C にある円板 1 から円板 $n-1$ を何らかの方法で杭 C から杭 B に移動する。

例えば，$n = 4$ のときであれば，

1. 杭 A にある円板 1 から円板 3 を何らかの方法で杭 A から杭 C に移動する。
2. 杭 A に残っている円板 4 を杭 B に移動する。
3. 杭 C にある円板 1 から円板 3 を何らかの方法で杭 C から杭 B に移動する。

となる。図 C.3 は，この移動の様子である。

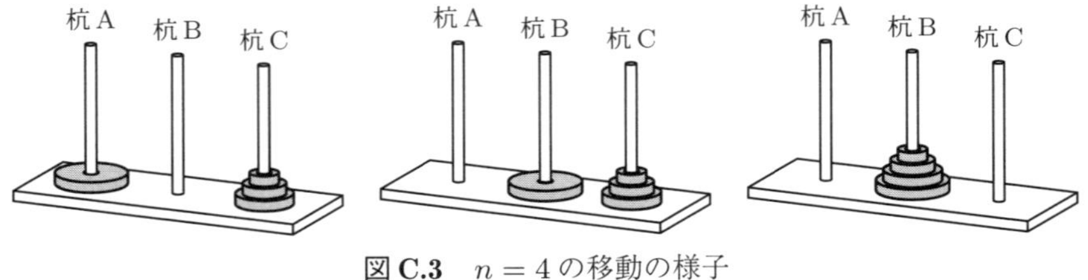

図 C.3　$n = 4$ の移動の様子

ここで，上から $n-1$ 枚の円板を杭 A から杭 C に移動すること，または，杭 C から杭 B に移動することは，$n-1$ 枚の円板を杭 A から杭 B に移動することと本質的に同じようにできるはずである。これは，円板が $n-1$ 枚のときの問題を解くことに相当する。

すなわち，$n = 4$ のときであれば，手順 1 のように，3 枚の円板を杭 A から

杭Cに移動するために必要な移動回数は $a_3 = 7$ であり，手順2のように，円板4を杭Aから杭Bに移動するために必要な移動回数は1回であり，手順3のように，3枚の円板を杭Cから杭Bに移動するために必要な移動回数は $a_3 = 7$ である。

同様にして，円板が n 枚あるときであれば，手順1のように，$n-1$ 枚の円板を杭Aから杭Cに移動するために必要な移動回数は a_{n-1} であり，手順2のように，円板 n を杭Aから杭Bに移動するために必要な移動回数は1回であり，手順3のように，$n-1$ 枚の円板を杭Cから杭Bに移動するために必要な移動回数は a_{n-1} である。したがって，次のような関係式が得られる。

$$a_n = 2a_{n-1} + 1 \qquad (n \geq 2) \tag{C.1}$$

この関係式 (C.1) は漸化式[1] とよばれる。(C.1) は，n 枚の円板でハノイの塔のパズルを解くために必要な移動回数が，$n-1$ 枚の円板のパズルを解くために必要な移動回数の2倍に1を加えたものであることを示している。

この漸化式 (C.1) を用いて，任意の円板の枚数に対する移動回数を計算することができる。具体的に (C.1) は，

$$a_n + 1 = 2(a_{n-1} + 1) \qquad (n \geq 2)$$

と変形できるから，この関係を繰り返し用いて，

$$a_n + 1 = 2(a_{n-1} + 1) = 2^2(a_{n-2} + 1) = \cdots = 2^{n-1}(a_1 + 1) = 2^n$$

となり，

$$a_n = 2^n - 1$$

であることがわかる。したがって，n 枚の円板でハノイの塔パズルを解くために必要な移動回数は $2^n - 1$ である[2]。

---

[1] 漸化式に関しては，高等学校の教科書などを参照されたい。

[2] この回数が，移動に必要な最小の回数であることも数学的帰納法で比較的簡単に示せる。興味のある読者は考えてみよ。

C.2　Python での実装

本節では，プログラミング言語の Python を用いて，プログラムを実装することを試みよう。具体的なプログラムは次の通りである。

```
1  # hanoi の塔プログラム
2  def hanoi(n,a,b,c): # n 枚を a から b へ移動する。c は作業用
3      if n == 1:
4          print(f'円板{n}を杭{a}から杭{b}へ移動する。')
5      else:
6          hanoi(n-1,a,c,b) # 上の n-1 枚を a から c へ移動する。
7          print(f'円板{n}を杭{a}から杭{b}へ移動する。')
8          hanoi(n-1,c,b,a) # 上で移動させておいた n-1 枚を c から b へ移動する。
9  def main():
10     x = int(input('円板の枚数を入力してください。'))
11     if x >= 1:
12         hanoi(x,"A","B","C")
13     else:
14         print('自然数を入力してください。')
15 main()
```

以下，このプログラムの各部分について解説しよう。このプログラムは，主に `hanoi(n,a,b,c)` と `main()` の 2 つの関数から成り立っている。まず，1 つ目の関数 `hanoi(n,a,b,c)` は以下のような変数をもつ。

- `n`：移動させる円板の枚数
- `a`：円板が現在置かれている杭（スタート杭）
- `b`：円板の移動先の杭（ターゲット杭）
- `c`：作業用の補助杭

この関数がハノイの塔の再帰的な解法を実装している。

基本的な動作としては，n 枚の円板を杭 `a` から杭 `b` へ移動させる動作を行うが，これは再帰的に処理される。

- `n` が 1 の場合は，直接円板を `a` から `b` に移動させる。
- `n` が 1 以上の場合は，以下の手順で再帰的に円板を移動させる。

  1. $n-1$ 枚の円板を杭 `a` から `c` へ移動させる。(`b` は補助杭として使用する。)

2. 残りの一番大きい円板(`n`番目の円板)を杭`a`から`b`へ移動する。
3. `c`にある$n-1$枚の円板を杭`c`から`b`へ移動させる。(`a`は補助杭として使用する。)

次に, 2つ目の関数`main()`について説明しよう。この関数は, ユーザーから円板の枚数`x`を入力として受け取り, その値に基づいて`hanoi(x,A,B,C)`を呼び出す。

- `x`が1以上の場合は, `hanoi(x,A,B,C)`を呼び出し, 3本の杭に対応する文字列`A`, `B`, `C`を引数として渡す。
- `x`が0または負の数であれば, **自然数を入力してください。**というメッセージを表示する。

最後に, 実行例について述べよう。例えば, `x=3`と入力した場合, 次のような出力が得られる。

```
円板1を杭Aから杭Cへ移動する。
円板2を杭Aから杭Bへ移動する。
円板1を杭Cから杭Bへ移動する。
円板3を杭Aから杭Cへ移動する。
円板1を杭Bから杭Aへ移動する。
円板2を杭Bから杭Cへ移動する。
円板1を杭Aから杭Cへ移動する。
```

この出力は例C.3でも見た通り, 3枚の円板が適切な順序で杭Aから杭Cに移動される過程を示している。

本書で紹介した経済学者の生きた時代と業績

生年	経済学者	生きた時代と関連する業績や主張など
1723 年	アダム・スミス	**産業革命**：スミスが生きた時代は産業革命が進む時代であった。彼は自由市場とその自己調整機能を強調し，古典派経済学の基礎を築いた。
1801 年	アントワーヌ・オーギュスタン・クールノー	**19 世紀初頭の工業化**：クールノーは産業や市場が複雑化する中で，数学を経済学に応用した。彼は，競争や独占に関するモデルを導入し，資本主義経済における企業の相互作用を分析した。
1834 年	レオン・ワルラス	**限界革命**：19 世紀後半，経済学は個人の意思決定に焦点をあてはじめた。ワルラスはこの変革に貢献し，限界効用という概念を提唱した。
1842 年	アルフレッド・マーシャル	**ビクトリア朝後期の経済成長**：ビクトリア朝後期，英国経済は急成長した。マーシャルは古典派と限界効用理論を統合し，現代経済における需給や価格の仕組みを説明した。
1883 年	ジョン・メイナード・ケインズ	**世界大恐慌**：ケインズの理論は，経済危機の中で生まれた。世界恐慌により，市場が自律的に回復できないことが明らかとなり，ケインズは政府が経済に介入して回復を助けるべきだと主張した。
1915 年	ポール・アンソニー・サミュエルソン	**第二次世界大戦後の経済拡大**：戦後の経済成長期に，サミュエルソンは数学的方法を導入して経済学を近代化した。新古典派総合学派として知られている。
1928 年	ジョン・ナッシュ	**冷戦と戦略的思考**：ナッシュのゲーム理論は，冷戦期の戦略的意思決定に重要な役割を果たした。ナッシュ均衡の概念は，経済学や政治戦略に大きな影響を与えた。

参考文献

本書を執筆するにあたっては，本文中で引用した書籍をはじめ，高等学校の教科書[24, 25, 26, 27, 28, 29] や [30, 31, 32, 33, 34, 35] を参考にさせていただいた。また，コラムにある経済学者については，[9, 12, 21, 22, 23] を参考にさせていただいた。

数学系の文献

[1] Lara Alcock 著，斎藤新悟・水原文 訳，『声に出して学ぶ解析学』，岩波書店 (2020)

[2] 久保川達也，『現代数理統計学の基礎』，共立出版 (2017)

[3] 齋藤正彦，『線型代数入門』，東京大学出版会 (1965)

[4] 清水泰隆，『統計学への確率論，その先へ：ゼロからの測度論的理解と漸近理論への架け橋 第2版』，内田老鶴圃 (2021)

[5] 吹田信之・新保経彦，『理工系の微分積分学』，学術図書出版社 (1987)

[6] 田野村忠温，「ダッシュ，プライム」『数学セミナー』，2018年8月号，日本評論社 (2018)

[7] 宮崎修一，『グラフ理論入門：基本とアルゴリズム』，森北出版 (2015)

経済学系の文献

[8] Charles Irving Jones 著，香西泰 訳，『経済成長理論入門：新古典派から内生的成長理論へ』，日本経済新聞社 (1999)

[9] John Kenneth Galbraith 著，鈴木哲太郎 訳，『経済学の歴史：いま時代と思想を見直す』，ダイヤモンド社 (1988)

[10] Jonathan Berk · Peter DeMarzo 著，久保田敬一・芹田敏夫・竹原均・徳永俊史 訳，『コーポレートファイナンス 入門編 第2版』，丸善出版 (2014)

[11] P. A. Samuelson, *Economics: an Introductory Analysis*, McGraw-Hill Book Company (1948)

[12] 稲田献一，『経済数学の手ほどき』，日本経済新聞社 (1965)

[13] 井堀利宏，『入門ミクロ経済学』，新世社 (2019)

[14] 岡田章，『ゲーム理論 第3版』，有斐閣 (2021)

[15] 岡田章，『ゲーム理論・入門：人間社会の理解のために 新版』，有斐閣 (2014)

[16] 岡田章，『ゲーム理論の見方・考え方』，勁草書房 (2022)

[17] 小川光・家森信善，『ミクロ経済学の基礎』，中央経済社 (2016)

[18]　奥野正寛，『ミクロ経済学』，東京大学出版会 (2008)
[19]　神取道宏，『ミクロ経済学の力』，日本評論社 (2014)
[20]　齊藤誠・岩本康志・太田聰一・柴田章久，『マクロ経済学 新版』，有斐閣 (2016)
[21]　中村達也・八木紀一郎・新村聡・井上義朗，『経済学の歴史：市場経済を読み解く』，有斐閣アルマ (2001)
[22]　根井雅弘，『英語原典で読む経済学史』，白水社 (2018)
[23]　根井雅弘，『経済学の歴史』，講談社 (2005)

高等学校の教科書

[24]　戸瀬信之，『高等学校数学 I』，数研出版 (2022)
[25]　戸瀬信之，『高等学校数学 A』，数研出版 (2022)
[26]　戸瀬信之，『高等学校数学 II』，数研出版 (2022)
[27]　戸瀬信之，『高等学校数学 B』，数研出版 (2023)
[28]　戸瀬信之，『高等学校数学 III』，数研出版 (2023)
[29]　戸瀬信之，『高等学校数学 C』，数研出版 (2023)
[30]　俣野博・河野俊丈，『数学 I：Standard』，東京書籍 (2022)
[31]　俣野博・河野俊丈，『数学 A：Standard』，東京書籍 (2022)
[32]　俣野博・河野俊丈，『数学 II：Standard』，東京書籍 (2022)
[33]　俣野博・河野俊丈，『数学 B：Standard』，東京書籍 (2023)
[34]　俣野博・河野俊丈，『数学 III：Standard』，東京書籍 (2023)
[35]　俣野博・河野俊丈，『数学 C：Standard』，東京書籍 (2023)

その他の文献

[36]　安川康介，『科学的根拠に基づく最高の勉強法』，KADOKAWA (2024)

索　引

さ行

た行

な行

は行

ま行

や行

ら行

わ行

ギリシャ文字

大文字	小文字	読み方		大文字	小文字	読み方	
A	α	アルファ	(alpha)	N	ν	ニュー	(nu)
B	β	ベータ	(beta)	Ξ	ξ	クシー	(xi)
Γ	γ	ガンマ	(gamma)	O	o	オミクロン	(omicron)
Δ	δ	デルタ	(delta)	Π	π, ϖ	パイ	(pi)
E	ϵ, ε	イプシロン	(epsilon)	P	ρ, ϱ	ロー	(rho)
Z	ζ	ゼータ	(zeta)	Σ	σ, ς	シグマ	(sigma)
H	η	イータ	(eta)	T	τ	タウ	(tau)
Θ	θ, ϑ	シータ	(theta)	Υ	υ	ユプシロン	(upsilon)
I	ι	イオタ	(iota)	Φ	ϕ, φ	ファイ	(phi)
K	κ	カッパ	(kappa)	X	χ	カイ	(chi)
Λ	λ	ラムダ	(lambda)	Ψ	ψ	プサイ	(psi)
M	μ	ミュー	(mu)	Ω	ω	オメガ	(omega)

【著者紹介】

村原英樹（むらはら ひでき）

兵庫県神戸市生まれ。神戸大学理学部数学科を卒業後，神戸大学大学院自然科学研究科（数学専攻，博士前期課程）を修了。上智福岡中学高等学校（旧：泰星中学高等学校）および中村学園大学教育学部での勤務を経て，現在は北九州市立大学経済学部准教授。

福岡大学大学院経済学研究科（経済学専攻，博士後期課程）を単位取得満期退学後，九州大学大学院数理学研究科（数学専攻，博士後期課程）を修了し，博士（数理学）を取得。

中学校１年生から大学４年生までのすべての学年において，担任および教科指導の経験がある。専門は多重ゼータ値および多重ゼータ関数。数学は整数論，経済学は時系列解析などに興味・関心がある。

経済系のための数学

Mathematics for Economics

2025 年 1 月 30 日　初版１刷発行

著　者　村原英樹　© 2025
発行者　南條光章
発行所　**共立出版株式会社**
〒112-0006
東京都文京区小日向 4-6-19
電話番号 03-3947-2511（代表）
振替口座 00110-2-57035
www.kyoritsu-pub.co.jp

印　刷　啓文堂
製　本　協栄製本

一般社団法人
自然科学書協会
会員

検印廃止
NDC 413.3, 411.3, 350.1

ISBN 978-4-320-11573-6

Printed in Japan